U0252529

设计学院教材

蒋 晓 主编

产品交互设计基础

FOUNDATION FOR PRODUCT INTERACTION DESIGN

清华大学出版社
北京

内 容 简 介

本书共分 6 章,以交互设计的基本流程为主线将每章各自的主题有机地串联起来,主要内容包括交互设计概述、交互设计原理、用户体验与心流理论、设计调研、用户分析、人物角色与场景剧本等。本书内容丰富,具有很强的专业性和实用性,既适合作为高等学校产品交互设计等课程的教材,也适合交互设计师、用户研究人员、视觉设计师和前端工程师等从业人员学习和参考。

为了使读者全面了解交互设计的方法和步骤,与本书配套的《产品交互设计实践》(ISBN 978-7-302-47783-9)一书中详细讲述了本书涉及的原型设计、可用性测试等相关实践部分的内容。

图书在版编目(CIP)数据

产品交互设计基础/蒋晓主编. —北京:清华大学出版社,2016(2024.1 重印)
(设计学院教材)
ISBN 978-7-302-44007-9

Ⅰ. ①产… Ⅱ. ①蒋… Ⅲ. ①产品设计－高等学校－教材 Ⅳ. ①TB472

中国版本图书馆 CIP 数据核字(2016)第 123395 号

责任编辑:汪汉友
封面设计:常雪影
责任校对:梁　毅
责任印制:曹婉颖

出版发行:清华大学出版社
　　　　网　　址:https://www.tup.com.cn,https://www.wqxuetang.com
　　　　地　　址:北京清华大学学研大厦 A 座　　　　邮　编:100084
　　　　社 总 机:010-83470000　　　　邮　购:010-62786544
　　　　投稿与读者服务:010-62776969,c-service@tup.tsinghua.edu.cn
　　　　质量反馈:010-62772015,zhiliang@tup.tsinghua.edu.cn
　　　　课件下载:https://www.tup.com.cn,010-83470236
印 装 者:三河市龙大印装有限公司
经　　销:全国新华书店
开　　本:185mm×260mm　　印　张:12.75　　插　页:2　　字　数:259 千字
版　　次:2016 年 9 月第 1 版　　印　次:2024 年 1 月第 9 次印刷
定　　价:69.00 元

产品编号:062845-01

■ 作者介绍

　　蒋晓 江苏无锡人，江南大学设计学院工业设计系副教授，江南火鸟设计工作室负责人，具有多学科的教育和工作背景，从事产品交互体验设计、智能产品设计等方向的教学和研究十余年，独立指导硕士研究生五十余名。曾参与完成国家"九五"重点科技攻关项目两项。近年来，主编《产品交互设计基础》和《产品交互设计实践》等书籍 15 本（其中国家级"十一五"规划教材 1 本），翻译设计类专著《NONOBJECT 设计》《洞察人心：用户访谈成功的秘密》《试错：通过精益用户研究快速验证产品原型》等4 本，在设计类会议和期刊公开发表交互设计与用户体验方向的论文四十余篇，产品设计方向的论文二十余篇，授权发明和实用新型专利二十余项、外观专利两百余项。与 Colgate、ARX、Panda 等著名企业有紧密的合作并提供横向服务。

　　个人微博：http://weibo.com/u/1064366175（江南火鸟设计）
　　江南火鸟设计讨论群 QQ：163637146
　　邮箱：cwtyz@163.com

■ 出版书籍

1. Rhino 5.0 产品设计标准实例教程
2. Rhino 4.0 中文版产品设计标准实例教程
3. AutoCAD 2014 中文版机械设计标准实例教程
4. AutoCAD 2013 中文版机械设计标准实例教程
5. AutoCAD 2010 中文版机械制图标准实例教程
6. Creo 2.0 中文版标准实例教程
7. Pro/ENGINEER Wildfire 4.0 中文版标准实例教程
8. NONOBJECT 设计
9. 产品交互设计基础
10. 产品交互设计实践
11. 洞察人心：用户访谈成功的秘密
12. 试错：通过精益用户研究快速验证产品原型

刘兆峰　就职于爱奇艺，江南大学设计学院交互设计硕士毕业。擅长移动互联网产品交互设计，专注于移动互联网视频领域用户体验提升，公开发表多篇专业论文。

李佳星　就职于腾讯，江南大学设计学院交互设计硕士毕业。擅长社交类移动产品设计，对设计引起的数据变化有独到分析，逻辑思维清晰，善于沟通和协作，执行力强。

谭伊曼　就职于腾讯，江南大学设计学院交互设计硕士毕业。兴趣爱好广泛，喜欢绘画，擅长互联网产品交互设计。还曾经参与过游戏设计、前端开发等实践。

孙启玉　就职于百度，江南大学设计学院交互设计硕士毕业。擅长交互设计和服务设计，对用户行为动机和心理研究有浓厚兴趣，关注互联网产品设计。

张卓苗　就职于酷狗公司，江南大学设计学院交互设计硕士毕业。擅长游戏设计、网站及移动端交互设计。爱好打乒乓球，公开发表多篇专业论文。

张振东　就职于阿里巴巴，江南大学设计学院交互设计硕士毕业。擅长移动互联网产品设计和游戏设计。爱好文学，曾翻译过国外设计类相关纪录片和文献。

蒋璐珺　江南大学设计学院工业设计在校生。擅长产品设计、用户研究和设计批评，曾赴 Thomasmore 大学学习，多次参加服务设计国际工作坊。

■ 前　言

　　笔者主要从事工业设计专业中产品交互设计、可用性和用户体验、产品创意思维方法、情感化和体验设计等方向的教学与研究,以及 CAD/CAID 的研发工作,先后主编和翻译过多本 AutoCAD、Pro/E、Creo、Rhino、NONOBJECT 设计、用户访谈、移动产品交互设计等方面的书籍。

　　早在 2005 年,笔者开始接触交互设计时就毅然选择了可用性和用户体验作为研究的两个方向。当时所指导的硕士论文还被评为优秀论文,从此便一发不可收,延续至今一直从事该领域的研究工作。11 年过去了,指导的五十多名硕士研究生先后以控制感、反馈机制、认知摩擦、用户黏度、用户潜在需求和心流体验等相关方向作为研究产品交互设计的切入点,先后共发表了一百二十多篇论文。目前,他们都活跃在各大互联网公司交互设计和用户研究的岗位上,其中不乏设计合伙人和产品经理。

　　转眼已进入一个新的十年,此时的感慨就犹如我平日里登山,身处半山中——仰望顶峰是云雾缭绕,风光无限,但石径长长,道路漫漫;而回望山下则是山谷幽幽,丛林深深,上山时的小路曲折蜿蜒,已经若隐若现,踪迹难寻……

　　回首过去,展望未来,萌生了编撰《产品交互设计基础》和《产品交互设计实践》这两本姊妹书之意,一方面想根据自己的思考和理解对交互设计的相关理论做些解读,另一方面也想通过实际案例的引导,使初涉交互设计领域的读者快速入门。可能是因为笔者有理工科背景的缘由,在本书编写时尤为注重脉络分明、思维缜密、有理有据、循序渐进,所以本书非常适合初学者从零基础开始学习。真诚希望本书有助于选择交互设计方向的读者能尽快地找到自己职业成长的突破口。

　　本书由江南大学设计学院蒋晓、刘兆峰、李佳星、谭伊曼、孙启玉、张卓苗、张振东和蒋璐珺编写,全书由蒋晓负责策划和统稿。

　　本书的出版要特别感谢江南大学设计学院的辛向阳教授和李世国教授的大力支持。由于时间、精力、水平所限,虽然已尽了最大的努力,但是难免存在疏漏和不当之处。欢迎读者批评指正,欢迎大家登录作者的江南火鸟设计工作室网站或者加入江南火鸟设计QQ 群(163637146)与作者进行交流。

蒋　晓

2016 年于江南大学设计学院

目　录

第 1 章

交互设计概述

Jon Kolko 在《交互设计沉思录》一书中指出交互设计(Interaction Design)"是在人与产品、系统或服务之间创建的一系列的对话。从本质上讲,这种对话既是在实体上的,也是在情感上的,它随着时间的推移,体现在形式、功能和科技之间的相互作用当中"。[①] 交互设计就是要在人与产品及其服务之间创建有意义的关系,交互设计的对象涉及软件、移动设备、人造环境、服务、可穿戴设备以及系统的组织结构。交互设计完成了从物品的设计到行为的设计,从单一产品到服务,从功能到用户体验的重要转变。[②]

本章介绍的内容如下:

(1) 交互设计的历史与现状;

(2) 交互设计与其他学科的关系;

(3) 交互设计的相关概念。

---

① Kolko J. 交互设计沉思录[M]. 北京:机械工业出版社,2012.

② 胡晓. 正确认识交互设计才能创造更大价值[OL]. http://ixd. org. cn/html/articles/2012/61411. html.

■ 1.1 交互设计的历史与现状

自 1990 年 Bill Moggridge 明确提出"交互设计"一词以来,交互设计的概念至今仍未有统一的定义。很多学者对于什么是交互设计提出了不同的观点。在《交互设计——超越人机交互》一书中,Preece 等人指出交互设计是"设计支持人们日常工作与生活的交互式产品";Donald . A. Norman 在《设计心理学》一书中指出:"交互设计超越了传统意义上的产品设计,是用户在使用产品过程中能感觉到的一种体验,是由人和产品之间的双向信息交流所带来的,具有'很浓重的情感成分'。" Gillian Crampton Smith 在《Designing Interactions》一书中认为"交互设计就是通过数字人造物来描绘我们的日常生活"[①]。世界交互设计协会第一任主席 Reimann 对于交互设计做了如下定义:"交互设计是定义人工制品(设计客体)、环境和系统的行为的设计"。Alan Cooper 在《About Face 4:交互设计精髓》一书中提到:"交互设计是设计交互式数字产品、环境、系统和服务的实践。"[②]

为了更好地理解交互设计,首先应该区分 3 个相近的概念:交互(Interaction)、可交互的(Interactive)和交互性(Interactivity)。交互(Interaction)是指两个或多个对象之间的相互影响,例如用户在操作计算机的过程中,计算机对用户的指令做出反馈以及两人或多人之间的交流等。如果一个产品允许交互,那么这个产品就是可交互的(Interactive)。交互性(Interactivity)并不仅局限于技术系统,还包括其他非电子类产品和服务,甚至可以是组织。实际上,所有人都拥有交互的能力,人类从成为一个物种以来一直都在交互。

交互设计源于对人机界面(Human-Computer Interface,HCI)的研究,其主要是通过提供简单、易操作的界面,使计算机、数字产品能够被更多的消费者接受。董士海和王衡在《人机交互》一书中描述的人机交互发展史是从人适应计算机到计算机不断适应人类的发展史。人机交互的发展经历了早期的手工作业阶段,作业控制语言及交互命令语言阶段,图形用户界面(GUI)阶段,网络用户界面阶段,以及多通道、多媒体的智能人机交互阶段[③]。人机交互是交互设计的起点,交互设计是人机交互的延伸。

在 20 世纪中期产生了以 ENIAC(The Electronic Numerical Integrator And Calculator,埃尼阿克)为代表的第一代计算机,如图 1-1 所示。因为计算机采用的是十进制而非二进制,所以在当时要人工将数值在二进制和十进制之间转接后再进行输入和输出。由于采用外插式程序,因此每进行一项新计算都需要重新连接一次线路,工作人员常常需要耗费数小时甚至几天的时间来为几分或者几十分钟的运算进行准备。除此之外,

① Moggridge B. Design Iteraction[M]. [S. l.]: MIT Press,2006.

② COOPER A. About Face 4 交互设计精髓 [M].倪卫国,等译.北京:电子工业出版社,2015.

③ 董士海,王衡.人机交互[M].北京:北京大学出版社,2004.

埃尼阿克最多只能存储 20 个 10 位的十进制数,却需要耗费大量的能源并占用大量空间。人们为了使用它,不得不学习使用机器的语言。

图 1-1 世界第一台电子计算机 ENIAC

(图片来源:http://en.wikipediq.org/wiki/computer)

在第二代计算机上,计算机的输入设备被穿孔纸带和穿孔卡片替代,如图 1-2 所示。由于使用复杂,所以只有少数专业技术人员才能操作,他们需要花费数小时把复杂的计算过程分解为一连串编码,然后用穿孔纸带输入,来控制计算机的运行。在早期计算机的设计制造中,工程师们主要考虑的是如何让计算机更快、更强大,以解决更复杂的问题。

图 1-2 穿孔纸带和穿孔卡片

随着计算机性能的迅速提高,从 20 世纪 60 年代开始,工程师开始关注计算机的使用者,并设计新的输入方式和使用方法。计算机上出现了控制面板,允许用户通过复杂的开关进行输入,并与分组卡片配合使用。

到了 20 世纪 70 年代,由于使用了大规模集成电路和超大规模集成电路,计算机在体积变小的同时,性能却得到了极大提升。1972 年以后的计算机习惯上被称为第四代计算机。1972 年 4 月 1 日美国的 Intel 公司推出 8008 微处理器,奠定了计算机微型化的基础。同年,美国贝尔研究所的 D. M. Ritchie 推出了 C 语言,这种新型的编程语言提供了许多处理功能,可以用简单的方式编译和控制存储器,也可产生少量的机器码,无须任何环境支持就能正常运行,保持了良好的跨平台特性。同时,美国的阿帕网(ARPANET)正式投入运行,为交互设计的繁荣提供了新平台。电子邮件开始在阿帕网上传送,拉开了 Internet 革命的序幕。

　　施乐帕克研究中心(Xerox Palo Alto Research Center,Xerox PARC)在 1972 年推出了具有里程碑意义的计算机——Alto,它是首台基于图形界面的计算机,也是第一台努力适应人类思维和使用习惯,从普通使用者角度设计的计算机。该计算机拥有一个位图显示器、Window(视窗)和鼠标;内置了以太网卡和硬盘,带有键盘,安装了文字处理软件。Alto 首次使用了窗口设计,因此被认为是操作系统 GUI 界面发展史上的里程碑。它拥有视窗和下拉菜单,并通过鼠标进行操作,真正打破了人机阻隔,极大地提升了操作效率。后来,科技巨头苹果公司在设计早期的 Macintosh 计算机时从中汲取了很多交互设计的方法,如图 1-3 所示。

图 1-3　Xerox Alto 和 Macintosh 计算机

　　20 世纪 80 年代,个人计算机开始普及,随着应用软件越来越多,易用性的问题逐渐显现。1981 年在 Xerox Alto 计算机商用版本 Star 的开发中,人机交互界面的设计问题开始受到重视。同年,Bill Moggridge 设计出世界上第一台笔记本计算机——Grid Compass。1983 年苹果推出了全球首款采用图形用户界面(Graphical User Interface,GUI)和鼠标控制的个人计算机——Apple Lisa,然后通过 Macintosh 系统推广给大众,奠定了以窗口、菜单、图标和指示装置为基础的图形用户界面,即 WIMP 界面的基本形态。与早期计算机使用的命令行界面相比,图形界面在视觉上更易被用户接受。

　　1984 年,Bill Moggridge 在一次会议中提出了交互设计的概念,他一开始只是希望将软件和用户界面设计相结合,因此称为 Soft Face(软面),但是由于这个名字很容易让人联想到那时风靡的玩具——椰菜娃娃(Cabbage Patch Doll),于是在 1990 年,Bill Moggridge 将其更名为交互设计(Interaction Design)。交互设计作为一门关注交互体验的新学科在 20 世纪 80 年代正式产生。

20 世纪 90 年代，Internet 继续发展，任何人都可以方便地发布超文本，并能让其他地方的人看到，同时电子邮件也迅速普及，使得对交互设计的需求日益浮现。Marc Andreessen 设计的 Mosaic 浏览器是一个非常出色的交互设计作品，它使 Web 进入千家万户，其创立的交互范式今天依然被广泛使用，例如"后退"按钮的设计。Internet 的商业化，使其有了一个新的发展飞跃，促进了大量 Web 的出现，滚动条和按钮这样的通用控件在 Web 上得到应用，到 20 世纪 90 年代后期，Web 成为了一个稳定的平台。

随着技术的进步，传感器和微处理器的体积在减小，价格降低的同时，功能却日益强大。设计人员将其嵌入汽车、家电等产品后，使得它们可以"感知到"环境信息并进行处理。例如，汽车可以监控自己的引擎，在故障发生前给驾驶员报警；洗衣机可以根据衣物的种类来进行清洗。这些技术的发展促进了人与产品之间的良好沟通。

进入 21 世纪，伴随着社会化软件时代的到来，普适计算时代也开始萌芽，人们和设备之间不再是一对一的关系，而是在互联网的帮助下通过多个设备与其他人进行交互。互联网已经成为应用程序的平台，人们可以通过互联网分享内容、实时通信、网上购物、在线学习、在线办公等。互联网改变了人与人之间的交流方式，社交网络服务（Social Networking Service，SNS）的发展将现实生活中的人脉关系在网络之上建立，让人与人之间的交流沟通更加方便快捷。正如美国麻省理工学院的尼古拉·尼葛洛庞蒂（Nicholas Negroponte）教授在他的著作《数字化生存》中所提到的"计算不再是仅和计算机有关，而是将决定我们的生存"[①]，如图 1-4 所示。

图 1-4　移动智能设备

手机等移动设备自 20 世纪 80 年代开始迅猛发展，它从简单的通话功能逐渐演变为具备大量的计算机功能。硬件能力的提升和操作系统的成熟赋予了智能手机等移动智能设备更多、更强大的功能和使用范围。人们在生活中对其日益依赖，大有超越传统计算机之势。如今以智能手机为代表的移动智能设备渗透到人们社会活动的各个层面，成为人们信息交互活动中最具代表性，普及程度最高的工具。

---

① NEGROPONTE N. 数字化生存[M]. 胡泳，等译. 海口：海南出版社，1997.

随着虚拟现实和可穿戴设备技术的发展,交互方式也变得更加多样,传统的人机交互模式正在升级为新一代的高级用户界面,人们可以通过数据、图像、语音、动作与设备进行交互,交互的方式变得更加自然,更加符合人类认知行为的习惯,同时更加注重交互体验,如图 1-5 所示。

图 1-5 科幻电影中的交互界面

如今,交互设计逐渐发展成为一种理念,交互设计的创始人 Bill Moggridge 甚至提出"交互设计已死,体验设计长存"的观点,他为此做出了解释:"我们过去把它(交互设计)定义为原则,因为当时软件还是个新东西,没有人知道怎么去设计它。但是现在它已经无处不在了,所以交互设计作为原则已经不再是需要,而是必须的了。"[①]设计师的关注重点逐渐从对"人工物"转移到人的行为和需求上,设计师必须尽可能了解环境、人类活动和其他正在发生的事情,基于技术的潜能,从"人的行为"出发,为用户打造一种新的使用体验和生活方式。

■ 1.2 交互设计与其他学科的关系

交互设计的理论来源于"设计科学"。"设计科学"的概念是由赫伯特·西蒙(Hebert Simon)提出,它是一门关于"人工物"的科学研究。西蒙认为,设计科学是存在于科学与技术之外的第三类知识体系,科学研究解释了世界发展的规律,即"是什么";技术研究则揭示了改变世界的方法,即"能如何";设计则将科学与技术进行综合,关注事物的本质,即"应如何"。设计科学所研究的是人与物的关系,跨越了科学技术和人文社会两大领域。[②]

交互设计是一门随着信息技术的发展而出现的交叉学科,包括工业设计、视觉传达、人机交互、认知心理学、人类学和社会学等领域,如图 1-6 所示。面对市场和技术发展需求,交互设计开始走向系统整合的模式,它力图提供更完整的解决方案。

---

① 交互与体验——交互设计国际会议纪要[J]. 装饰,2010(1):13-23.
② 赫伯特·西蒙. 人工科学[M]. 武夷山,译. 北京:商务印书馆,1987.

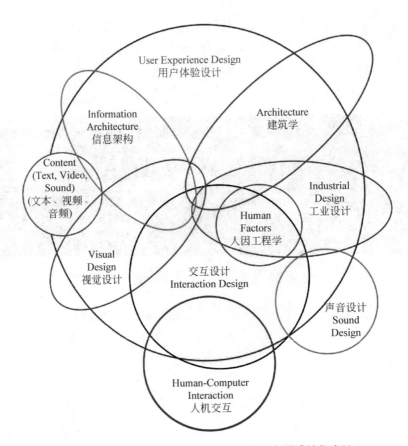

图 1-6　交互设计相关学科（图片来源：《交互设计指南》）

■ 1.2.1　交互设计与工业设计的关系

交互设计是关于"人工物"的研究，赫伯特·西蒙在《人工科学》一书中对于"自然物"和"人工物"做出了区分。"人工物"是由人思考所产生的作用力综合而成的"物"，具有解决问题的功能，设计目的，以及一定的适应性。它和"自然物"的区别是，"人工物"是汇集了人的思考、劳动、制作与创造后的结果。[①]

工业设计和交互设计的很多原理和方法是相通的，两者都是以用户为中心的设计方法。工业设计师通过定义产品、使用者和环境之间的相互关系来满足用户的需求和创造新的生活方式。工业设计师常常通过产品的形式、结构、外观等方式向用户传达产品的功能等信息。工业设计的设计对象大都以有形的"人造物"为主，把产品当作物品来对待。

随着产品的信息化和智能化，软件在产品中正扮演着日益重要的角色，工业设计师再也无法设计出独立于软件之外的硬件产品。为了达到良好的用户体验，必须要实现软件

---

① 赫伯特·西蒙. 人工科学[M]. 武夷山，译. 北京：商务印书馆，1987.

和硬件的完美配合。在产品的设计过程中，设计师必须考虑用户的行为和需求，必须尽可能多地了解环境、活动和其他正在发生的事情，这就需要交互设计的参与。

工业设计把物品当作设计对象，而交互设计的设计对象是一个随着使用而不断变化的过程，用户根据内在需求和外在情境产生一定的行为，然后产品对此行为做出相应的反馈，用户再针对反馈和判断再进行下一步操作，循环往复。除了考虑用户的行为和需求，交互设计师还要从系统的角度考虑产品的工作方式，产品如何更好地感知人的意图，人如何更好地了解产品的工作状态，通过为用户设计一种简单直接、清晰明确的交互方式，来实现更好的使用体验。交互设计更加强调从"非物质"的角度，在信息传达、信息交互、信息应用及信息服务等层面进行拓展与延伸。

与传统的工业设计相比，交互设计最大的不同在于具有双向可沟通性。交互设计利用交互式产品促进人们的沟通，评价交互设计的优劣不是看它采用的技术是否先进，而是通过观察和研究，找到人们生活中存在的问题，明确设计思路，采用合适的技术解决问题，给用户创造更好的情感体验。

例如，美国苹果公司设计的 iPod 拥有简洁的外观和简单易用的用户界面，如图 1-7 所示。除了 iPod Touch 与第六代和第七代 iPod Nano 外，皆由一枚圆形滚轮操作，它将计算机程序 iTunes 与网络服务完美结合。[①] iTunes 不仅可以帮助用户很方便地从网络音乐库中付费下载 MP3 音乐到个人计算机并传输到 iPod 中，而且 iPod 的界面设计简洁大方，有着完美的交互切换控制操作和触觉感受，给用户带来了愉悦的体验。iPod 的按

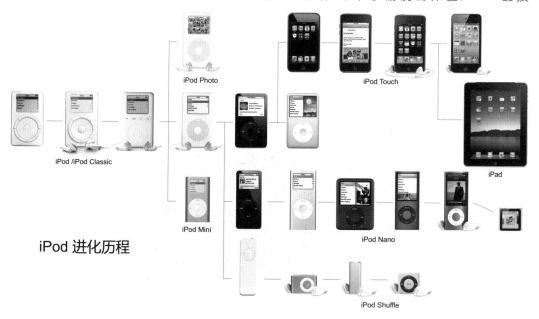

图 1-7　iPod 的演变

---

① iPod［OL］//维基百科. http://zh. wikipedia. org/wiki/Ipod.

钮操控设计极为别致,在交互层面上有着完美的一致性和概念易学性;相比其他 MP3 播放器,iPod 为用户创造了一种更易用的交互方式并饱受赞誉。从产品的使用层面来讲,iPod 合理地将不同类别、数量众多的歌曲信息按照"专辑名称、表演者、出品年代"等分类方式进行有效的归纳与区分。在产品的使用过程中,用户可以按照自己喜好,快速、灵活地通过触摸交互按钮选择自己想要的歌曲进行欣赏,展现了完美的视觉效果。

■ 1.2.2　交互设计与人机交互的关系

人机交互(Human-Computer Interaction,HCI 或 Human-Machine Interaction,HMI)于 20 世纪 80 年代初起源于计算机科学研究领域,包含了对认知科学和人因工程的研究。在计算机科学领域,人机交互常被看作是一种用户输入信息后系统进行响应的过程,是一种需要由用户参与,并在计算机系统中进行沟通与交流的机制。

随着计算机和互联网技术的深入普及,交互设计研究的深度和广度也在不断拓展。除了研究在计算机技术的支持下人和计算机如何互动与交流之外,交互设计还研究人类如何与社会进行信息传递,如何与外部世界建立联系。

从技术层面而言,交互设计涉及计算机工程学、计算机语言、信息设备、信息架构学;从用户层面而言,交互设计涉及人类的行为学、人因学、心理学;从设计层面而言,交互设计涉及工业设计、界面表现、产品语意与传达等。交互设计的主要构成包括信息技术和认知心理学[①]。交互设计延续了人机交互领域的大部分设计原则,但是与之不同的是,交互设计更加强调对用户心理需求、行为动机层面的研究。

例如,微软公司在 2013 年 5 月 21 日发布的新一代的娱乐盒子 Xbox One,如图 1-8 所示。它让体感操控变成事实,把客厅变成了娱乐场所。用户无须手持任何控制器就可控制游戏、欣赏影片、切换节目和聊天,将不可能变成了可能。新一代 Xbox One 集云端处理器、声控操作和体感技术于一体,可以实现电视直播、视频点播和网上聊天三大功能的

图 1-8　Xbox One 娱乐盒子

---

① 王佳. 信息场的开拓——未来后信息社会交互设计[M]. 北京:清华大学出版社,2011.

自由切换。只要在房间内喊一句"Xbox，on（开启）"，Kinect 传感器就能根据声音指令启动关联的全部设备。电视屏幕上会根据 Xbox 存储的用户信息展示上次使用的界面。此外，挥一挥手就能看到朋友最近的界面。[①] 在 Xbox One 的连接下，人们将建立一个新的 Xbox 网络社区，这种新的交互方式，带给人们的将是一种生活方式的改变。

1.2.3　交互设计与认知心理学的关系

认知心理学是一门旨在研究记忆、注意、感知、知识表征、推理、创造力以及问题解决的心理科学，涉及对认知（思维、决定、推理、动机和情感程度在内的行为背后心智处理机制）的探索。认知是感觉器官接受外部刺激后，神经系统经过信息处理所生成的对该刺激物个别属性的反应，针对的是人们直接观察和感觉到的外部世界。例如，到了一个新的环境时，人们都会观察、了解周围环境的特点，人们看到、听到、摸到、闻到的都是认知的信息。人们的日常生活往往包含一系列的信息接收与处理的认知活动，如图 1-9 所示。

图 1-9　生活中的认知行为

信息加工的研究，极大地影响了当今认知心理学的发展，信息加工方法的核心思想是把认知看作信息（人们听到看到、阅读、思考的内容）在一个系统（人们的大脑）中的经过。人类的认知是一个获得、存储、转换、运用以及沟通信息的过程。用户在通过视觉、听觉、嗅觉、触觉、味觉等感官系统收集外部信息的过程中，注意、察觉、识别、直觉等能力同时运作，信息经过大脑处理之后输出相关的反应，如图 1-10 所示。

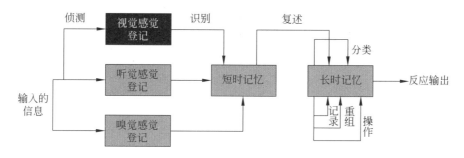

图 1-10　信息加工模型

---

①　盖穆.微软最"硬"的利器［N］.电脑报，2013-05-27.

Donald A. Norman 在《设计心理学》一书中提出了在产品中一般存在的 3 种模型：系统实现模型、系统表现模型和用户心智模型。Alan Cooper 在《交互设计精髓》一书中将以上模型分别描述为实现模型、表现模型和用户心理模型。实现模型是指机器和程序如何实际工作的；表现模型是指设计者选择如何将程序的功能展现给用户的方式；用户心理模型是指存在于用户头脑中关于一个产品应该具有的概念和行为。表现模型越接近用户心理模型，就越符合用户的认知特点，用户就会感觉到产品越容易使用和理解[①]。

通常情况下，用户在进行产品认知的过程中，不仅要接收产品的外观、服务、品质、价格等信息，更多的是一种复杂的心理感受和判断。用户通过与产品赋予的外在信息，便可以根据对产品的认识或相关产品的使用经验形成自己的心理模型。在大脑中模拟产品的使用功能、使用环境、使用方式，思考产品是否与特定的使用环境、自身性格和自身所特有的社会形象相符合。

为了让表现模型更接近用户的心理模型，设计师应该了解用户的感知过程、方式和特点，从产品的形态、材质、色彩、信息技术应用等环节入手，设计出更加便于用户快速理解、认知并且得到用户心理认可的产品。

例如，日本设计大师深泽直人设计的 CD 播放器，产品的外形恰如一个排气扇，如图 1-11 所示。日常生活当中，人们一拉开关，排气扇就会开始工作，这也是许多产品在日常生活中最为常见的开关方式，因此 CD 播放器的独特造型给用户带来了很强的心理感知效果。产品下面带着一条绳子，给了用户拉动一下就可以让产品开始工作的心理认知，启发用户思考"下部的绳子就是产品的开关"。而 CD 播放器的竖立状态也很巧妙地提示了用户正确放置该产品的方式。这款 CD 播放器的设计从产品造型和使用方式都给用户非常准确、恰当的心理暗示。利用感知意象设计的 CD 播放器，使得用户产生了准确的心理感知与认知，赋予了用户明显而准确的产品使用思路。

图 1-11　深泽直人设计的 CD 播放器

---

① Cooper A，等. About Face 3 交互设计精髓[M]. 刘松涛，等译. 北京：电子工业出版社，2012.

■ 1.2.4　交互设计与服务设计的关系

随着社会、科技、经济的发展，交互设计的重要性与日俱增，这说明当代设计的关注点已经开始转变，即由传统意义上的物品设计转为注重人与人、人与机器之间的交互方式；设计的内容由形态、色彩扩展到服务、程序。交互设计完成了从物品设计到行为设计，从单一产品到服务，从功能到用户体验的重要转变。在信息时代，通过个体之间的相互连接可以在更大的空间中为用户提供更好的服务和体验，实现自身价值。

德国科隆设计学院的米歇尔·埃尔霍夫（Michael Erlhoff）教授于 20 世纪 90 年初率先将经济管理中服务的感念引入设计领域。随后，德国科隆设计学院、美国卡内基梅隆大学和意大利米兰理工大学等科研机构的联合成立了服务设计研究联盟。服务设计的目的是"显现、表达和策划服务中人们不可见的内容，通过观察和解释人们的需求和行为，将其转化为可能的服务，并从体验和设计的角度进行表现和评价。"[①]服务设计是从更为系统的角度，将设计目标、原则、方法与商业策略、过程管理、技术创新等结合起来，并以用户所体验到的情感、产品和环境的"接触点"作为线索，设定人、产品（软硬件）和环境之间的互动流程，为用户提供良好的服务和体验。[②] 交互设计与服务设计的结合越来越紧密。

2006 年，美国的耐克公司与苹果公司合作推出了 Nike＋iPod 服务，Nike＋运动鞋在用户跑步的过程中收集速度、距离和能量释放的信息，并通过 iPod 以语音的形式进行实时反馈。为了给使用者带来更加完美的运动感受，iTunes Music Store 网上音乐书店中推出了 Nike 运动音乐专栏，同时 nikeplus.com 网站还提供个性化的服务。2010 年耐克设计了 Nike＋GPS 应用，通过利用 iPhone 上的 GPS、重力感应模块可以在地图上记录运动者的速度、距离以及路线。2012 年耐克与 Tomtom 共同推出了 Nike Fuel Band 手环，并创造性地提出了 Nike Fuel 这个能量测量单位。用户可以通过手环自定义或记录每天运动消耗的 Nike Fuel，当用户接近设定的运动量时，手环上的 LED 彩灯会由红到绿给用户

1. Nike+ iPod运动套装　　　2. Nike+ GPS iPhone App　　　3. Nike+ fuel Band手环

图 1-12　Nike＋ 系列产品

---

① http://www.service-design-network.org/content/definition-servicedesign.
② 吴琼. 信息时代的设计伦理[J]. 装饰，2012(10).

以相关提示。2013 年耐克整合篮球及训练类产品,并推出 Hyperdunk ＋和 Lunar TR1＋款篮球鞋及其配套应用。通过将数字化和交互扩展到更多的运动产品及网络平台,耐克正从一家运动产品公司转型为运动体验和健康服务公司,并将一步成为运动生活的专业服务商。耐克打造了一个基于 Nike＋的运动社交网络,通过汇集消费者的运动数据及其好友关系,创造了巨大的商业成功。[①]

■ 1.3 相关术语

■ 1.3.1 用户体验

用户体验(User Experience,UX 或 UE)是指用户在使用产品或服务的过程中建立起来的主观心理感受,由于个体差异,每个用户的真实体验也不尽相同。用户体验包括所有情感体验,比如爱不释手、怒不可遏、欣喜若狂、漠不关心等。

"用户体验"的概念最早出自于计算机软件开发和互联网领域,是指用户在访问一个网站或是使用一个产品时的全部体验,包括他们的印象和感觉,是否能够成功地访问和使用,是否享受访问和使用的过程,是否还会继续访问和使用,是否能忍受现有的缺陷(Bug),是否能在有疑问的时候得到顺利解决。

用户体验设计(User Experience Design,UED)是以用户为中心的一种设计手段,以用户需求为目标而进行的设计。设计过程注重以用户为中心,用户体验的概念从开发的初期就开始进入整个流程,并贯穿始终。其目的就是保证以下 4 点:

(1) 对用户体验有正确的预估。

(2) 认识用户的真实期望和目的。

(3) 能以低廉成本修改功能核心的时候,对设计进行修正。

(4) 保证功能核心同人机界面之间的协调工作,减少错误。[②]

■ 1.3.2 用户界面

用户界面(User Interface,UI)也称人机界面,是用户与系统之间以人类可以接受的形式进行交互的信息交换的媒介,用户界面不仅局限于软件或程序之间,还包括各种与人类进行信息交流的机器、设备和工具。

基于不同的存在形式,用户界面可以分为硬件用户界面和软件用户界面。

(1) 硬件用户界面,即用户接触到的产品硬件部分,例如计算机的键盘、鼠标、显示屏、家用电器的形态等,主要存在于实体产品。

---

① 刘军. Nike＋运动产品服务设计研究[J]. 装饰,2013(8): 98-99.

② 用户体验设计[OL]//百度百科. http://baike.baidu.com/view/1365273.htm.

（2）软件用户界面，又称图形用户界面，是用户与软件进行信息传递的媒介，如美国微软公司的 Windows 和苹果公司的 iOS X 操作系统。

1.3.3 图形用户界面

图形用户界面（Graphical User Interface，GUI）是指采用图形方式显示的在视觉上更易接受的计算机操作用户界面。它改进了早期计算机所使用的命令行界面，使用户可以更好地从视觉上接受信息，但是由于图形界面可带给用户更多的视觉信息以及利用图形的改变来提示用户"状态的改变"的方法，使得 GUI 比命令行界面更复杂，需要耗费更多的计算能力来呈现信息，比如 GUI 中需要添加改变显示屏光点和变成何种颜色的算法。

到目前为止，按照不同的运用形式和呈现方式，基本的用户图形界面由桌面、视窗、单一文件界面、多文件界面、标签、菜单、图标和按钮等组成，如图 1-13 所示。

图 1-13　苹果产品的用户操作界面

（图片来源：http://www.apple.com/cn/osx）

1.4　本章小结

交互设计源于对人机界面的研究。随着信息技术的发展，交互设计逐渐发展成为一门交叉学科，包括工业设计、视觉传达、人机交互、认知心理学、人类学和社会学等众多领域。面对市场和技术的发展需求，交互设计开始从单一走向系统整合的模式，力图提供更完整的解决方案，创建人与产品、系统、服务之间有意义的联系。如今，交互设计的对象已经涉及软件、移动设备、人造环境、服务、可穿戴装置以及系统的组织结构。随着科技、文化、社会的发展，交互设计还将不断衍生出新的内涵。

■本章参考文献

[1] MOGGRIDGE B. Design Iteraction[M]. [S. l.]：MIT Press,2006.

[2] KOLKO J. 交互设计沉思录[M]. 北京：机械工业出版社,2012.

[3] 胡晓. 正确认识交互设计才能创造更大价值[OL]. http://ixd. org. cn/html/articles/2012/61411. html.

[4] 董士海,王衡. 人机交互[M]. 北京：北京大学出版社,2004.

[5] NEGROPONTE N. 数字化生存[M]. 胡泳,等译. 海口：海南出版社,1996.

[6] 交互与体验——交互设计国际会议纪要[J]. 装饰,2010(1)：13-23.

[7] 赫伯特·西蒙. 人工科学[M]. 武夷山,译. 北京：商务印书馆,1987.

[8] iPod[OL]//维基百科. http://zh. wikipedia. org/wiki/iPod.

[9] 王佳. 信息场的开拓——未来后信息社会交互设计[M]. 北京：清华大学出版社,2011.

[10] 盖穆. 微软最"硬"的利器[N]. 计算机报,2013-05-27.

[11] COOPER A. About Face 3 交互设计精髓[M]. 刘松涛,译. 北京：电子工业出版社,2012.

[12] http://www. service-design-network. org/content/definition-servicedesign.

[13] 吴琼. 信息时代的设计伦理[J]. 装饰,2012(10).

[14] 刘军. Nike+运动产品服务设计研究[J]. 装饰,2013(08)：98-99.

[15] 用户体验设计[OL]//百度百科. http://baike. baidu. com/view/1365273. htm.

第 2 章

交互设计原理

交互设计已超越传统意义上的产品设计，它是后者的延伸和拓展。正如美国Springtime 公司的设计师塔克·威明斯特(Tucker Viemeister)所说，产品设计将越来越多地着眼于促进使用者和生产者之间的交流而非产品外观，而这种交流正是通过用户与产品的交互行为进行的。交互设计强调的是用户与产品系统的交互行为，是对用户行为的设计。

交互设计致力于如何让产品得到高效使用，同时还能在使用时为用户带来良好的体验，其关注的是产品的可用性和用户体验，涵盖了物质设计和非物质设计两个方面。另外，从本质上看，交互设计也是一种系统设计，它是一个由一组相互作用、相互依存的元素组成的整体。

本章介绍的内容如下：

(1) 交互系统的组成要素；

(2) 交互设计的可用性目标和用户体验目标；

(3) 交互设计的流程与方法；

(4) 实体产品和互联网产品中的交互设计。

■ 2.1　交互系统的组成要素

系统是由若干个关联个体组成的有机整体,具有一定的整体功能,在一定的条件下会构成稳定的关系,并会随着环境变化的影响而发生变化。系统的构成要素可以包括个体、产品、部件或者具有一定功能的子系统。David Benyon 在《Design Interactive Systems》一书中,将由人(People)、行为(Activities)、场景(Contexts)和技术(Technologies)这 4 个要素(简称 PACT)构成的系统称为交互系统(Interactive Systems)。[①] 例如,年轻人在乘坐地铁的时候,通常会通过手机的"微信"和朋友们一起聊天;上班族在办公室里,会用 Outlook 进行工作上的交流;项目经理会在会议室中会用 PowerPoint 进行工作汇报。

从上面的例子可以看出,人们会在不同的场景中使用不同的技术来完成他们的活动,而正是这种多样性,给交互系统的设计带来了困难和挑战。如图 2-1 所示,人类的行为(包括它们所发生的场景)

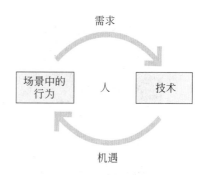

图 2-1　行为与技术

(图片来源:《Design Interactive Systems》)

向技术提出了需求,技术也为改变人类的行为提供了机遇。例如,语音技术的发明在很大程度上改变了人们传统的输入方式,如今人们可以通过语音控制手机或发送信息。

■ 2.1.1　人

人与人之间的差别主要体现在生理差别、心理差别和社会差别 3 个方面。

从生理上看,每个人的特征各不相同,例如,男、女、老、少、高、矮、胖、瘦。在不同的自然环境和工作环境中,人的生理差别会影响技术在辅助功能、可用性以及舒适性上对人类的帮助。例如,在触摸屏不断完善的技术背景下,越来越多的用户用手指与移动设备进行交互。关于手指的人机工程学,也应作为交互设计的考虑范畴。移动界面的设计需要满足用户点击的准确性,避免用户的手指重叠到临近的按钮而引发错误的交互行为,同时提供清晰的视觉反馈,这就需要在进行移动界面元素的设计时,满足不同尺寸手指的点击需求。

人的心理能力通常存在着很大的差异,一些人具有很好的记忆力,一些人具有很好的方向感,一些人具有语言上的天赋,而一些人则对数字更敏感。不同的心理差异会让人对

---

① BENYON D, TURNER P, TURNER S. Designing Interactive Systems[M]. [S. l.]: Pearson Education Limited, 2005.

事物建立不同的概念"模型"。Donald A. Norman 认为心理模型是用户根据之前使用类似产品的经历,在头脑中形成的关于该产品的概念、知识或者期望。[①] 例如拟物化设计就是将现实中的交互关系搬到手机上,用符合用户心理模型的交互方式降低认知成本,简单方便,清晰易懂。

由于文化背景的不同,不同人群的思维方式也会存在一定差异,如图 2-2 所示。例如,由于东方人受儒家文化的影响,往往会从整体的角度看待事物,注重事物之间的相互联系;西方人则受希腊哲学的影响,崇尚个体主义,注重理论的思辨演进。

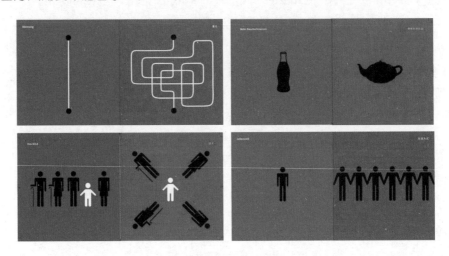

图 2-2　东西方的差异

身份、知识水平的差异也会影响人们的认知。例如,专业人士会定期使用某一类产品,并研究产品的各个细节,而初学者则希望产品通过一些互动来对他们进行引导。

2.1.2　行为

行为是指人在交互系统环境中使用产品的动作行为和产品的反馈行为。[②] 行为既可以用于简单、快速的任务,也可以用于复杂、漫长的活动。行为的因素包括时间方面、是否需要合作、复杂度、是否苛求安全以及它们所需的内容性质。[③]

在时间方面,可以表明事件是定期发生还是偶然发生,每天发生多次的行为跟每年只发生一次的行为需要区别对待。设计师既要确保频繁发生的行为容易操作,还要确保不频繁发生的行为易于学习和执行,例如给手机充电和更换手机电池的操作。此外,还需考虑行为中断的情况,设计需要确保用户可以从他们原先的地方重新开始,并确保用户之后

---

① NORMAN D A. The Design of Everyday Things [M]. [S. l.]: Basic Books, 2002.

② 李世国. 交互系统设计——产品设计的新视角[J]. 装饰,2007(2): 12-13.

③ BENYON D, TURNER P, TURNER S. Designing Interactive Systems[M]. [S. l.]: Pearson Education Limited, 2005.

不会进行错误操作或遗漏重要的操作步骤。

行为的另一个重要特征是能否独立运行或者需要与他人共同合作,这就涉及与他人的沟通、互动与协作。

针对不同复杂度的任务需要采用不同的设计。复杂的任务可以分解成较小的步骤,以便于用户更轻松地完成。例如,教小孩子骑自行车的过程都是从最简单的动作开始,然后逐步加强训练,直到最终精确地掌握。同理,如果要让用户完成复杂的操作,就需要尽可能地简化操作的过程。正如 B.J. Fogg 所言:"只要有正确的步骤,几乎可以让任何人做任何事。"

对于苛求安全的行为,任何错误都可能导致损坏或者一系列事故。设计师在设计时应该有意避免这种情况的发生。具体来说,在用户操作前给出正确有效的引导和提示,以减少错误发生的可能性。在用户操作过程中出现的错误,要及时提供反馈和相应的解决方案,并辅以帮助。在用户操作后,允许撤销上一步的错误操作,使之快速转移到正确的流程,从而避免严重的后果,比如邮箱的撤销功能。

考虑行为的数据需求也同样重要。例如,苹果的 iOS 系统提供了不同类型的虚拟键盘以方便用户输入网址、密码、电话号码等不同类型的文本,相应的键盘类型会在合适的场景中弹出,简化了用户的输入操作,如图 2-3 所示。

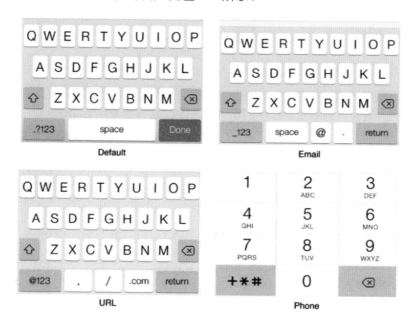

图 2-3　iOS 的键盘类型

2.1.3　场景

行为总是在一定的场景中发生,因此需要将二者结合分析。场景可被分为 3 种不同的类型：组织场景、社会场景和行为发生的物理环境。

例如，从自动取款机中取现金这个行为，最显而易见的就是自动取款机所处的环境，比如是否会因阳光直射在屏幕上而使可读性降低；周围环境是否嘈杂混乱；是否会因地理位置过于偏僻而造成取款不安全。社会场景可能包括是否有排队等候的需求，取款时能否保证个人隐私不被侵犯，交易系统是否易用、流畅，当信用卡被吞后，能够在第一时间得到帮助，等等。组织场景可能会涉及银行的办公方式、服务流程以及客户关系的处理。例如，如何保证自动取款机里随时有钱，如何保证设备运行正常，如何处理客户的问题投诉，等等，如图 2-4 所示。

图 2-4　从自动取款机中取款场景

（图片来源：http://cn.ideo.com/work/redefining-self-service-banking/）

■ 2.1.4　技术

交互系统通常由软件和硬件组成，输入的数据经过相互传递和处理再输出数据。比如借助互联网技术，可以同千里之外的亲人进行实时交流，可以时刻了解地球另一端发生的事件。在交互系统中，技术包括输入、输出、通信和所支持的内容。

1. 输入

按照信息流的表现形式，可将输入技术分为数据输入、图像输入、语音输入和动作输入等几大类。

（1）数据输入。开关和按钮是最简单直接的输入方式，数据输入可有以下几种形式。

① 通过键盘直接输入。这种方式输入灵活，数值精确，但是容易出错。

② 采用菜单形式进行选择性输入。这种方式没有记忆负担，且不易出错，但是输入效率不高。

③ 通过电子标签、条形码或电子芯片读入预置其中的信息。这种方式操作简单、高效，主要用于销售、无现金管理、物品识别以及门禁系统等。

（2）图像输入。先通过扫描、图片文件或现场采集等方式获得图形信息，再利用图像处理技术将像素信息转换成能用二进制表示的数值，以便存储、检索和输出，这种交互方式需要双方通过图形用户界面来传递信息。

（3）语音输入。利用声音传感器（麦克风）接受音频信息（模拟信号），再通过声卡和计算机软件，采用一定的编码方法，把模拟的语音信号转换为数字信号。语音交互是一种自然、流畅、方便快捷的信息输入方式，具有广泛的应用前景。

（4）动作输入。根据输入方式的不同，动作输入可分为以下 3 种层次，如图 2-5 所示。

图 2-5　不同的输入方式

① 通过移动鼠标，将 x 方向和 y 方向的信息传递给计算机系统，在屏幕上显示相应的运动轨迹；另一种是利用摄像头进行实时视频捕捉，然后根据前后两帧的像素变化来识别运动，这是二维动作输入的两种形式。

② 利用感知设备内置的重力传感器将三维空间位置变化对动作进行识别。这种方式需要用户佩戴一定的设备进行接触式三维动作输入。

③ 利用 3D 摄像头实现全身动作识别，感知用户的身体姿态，用户无须佩戴任何设备就可以与设备进行交互。这种非接触式的三维动作输入方式更接近人们的自然行为。[①]

2. 输出

目前最常见的输出方式为视觉输出、听觉输出和触觉输出。

最基本的输出设备是显示器，但是显示效果会因屏幕分辨率和尺寸的差异而受到限制。数字投影技术可以将图像投影到任意一个平面，解决了图像受屏幕尺寸的限制。随着增强现实（Augmented Reality）技术的发展，视觉输出的方式也更加多样。例如，在谷歌眼镜项目中美国谷歌公司希望用眼镜取代手机屏幕，允许使用自然语言与互联网交互。未来的谷歌眼镜不仅可以实现视距测算，还可以通过对环境图像和元素的捕捉，转录为音频信号提供给盲人；此外，还能将声音信号转变为图像和文字信号提供给有听力缺陷的用户。不同于谷歌眼镜的展现方式，下一代 Kinect 技术会通过 3D 投影实现虚拟环境和现实环境的叠加，将房间渲染成为真实的游戏场景，为用户提供超现实的游戏体验，如图 2-6 所示。[②]

除了可视化内容的展示，语音也是一种重要的输出方法。随着语音识别技术的快速

① 李世国，顾振宇. 交互设计［M］. 北京：中国水利水电出版社，2012.
② "增强现实探秘"：现实与虚拟融合［OL］. http://digi. tech. qq.com/zt2013/ar/index. htm.

图 2-6　视觉输出

发展,语音交互作为一种更加自然的交互方式在移动智能终端上迅速普及。2011 年,美国的苹果公司首次在 iPhone 4S 上推出语音控制功能 Siri。用户可以利用 Siri 进行语音播报短信文本,语音输入短信和邮件、查询餐厅、询问天气、语音设置闹钟等。此外,Siri还支持自然语言输入,还能不断学习新的声音和语调,提供对话式应答[①]。

触觉输出是设备以一种实时的方式与人进行交互。触觉输出在游戏操纵杆和移动智能设备中应用广泛,触觉输出不仅可以让用户产生更真实的沉浸感,而且还可以提高信息传递的效率。苹果公司在 2014 年推出的 Apple Watch 产品,支持电话、语音回复短信、连接汽车、查询天气、查询航班信息、地图导航、播放音乐、测量心跳、计步等几十种功能,是一款全方位的健康和运动追踪设备。[②] 在其内部有一个可以生成触觉反馈的线性致动器Taptic Engine,在收到提醒或通知、用户旋转数码表冠或者按压屏幕时,Apple Watch 会在用户手腕不同的部位轻戳用户,通过配合特制的扬声器释放的音频信号,带给用户细致而微妙的使用体验。用户可与其他 Apple Watch 用户进行互动,甚至将心跳这样私密的信息传递给对方[③],如图 2-7 所示。

图 2-7　听觉输出和触觉输出

①　Siri[OL]//百度百科. baike. baidu. com/view/6573497. htm.

②　Apple watch[OL]//百度百科. http://baike. baidu. com/view/14847991. htm.

③　https://www. apple. com/cn/watch/technology/.

3. 通信

在交互系统中,设计人与人、人与设备、设备与设备之间的通信是非常重要的环节。系统需要及时向用户提供反馈,告知其正在发生的事情,数据的传输和存储是通信设计的关键。按照传输媒介的不同,可以将通信分为有线通信和无线通信两种。

(1) 有线通信是指通过架空明线、电缆、光缆等看得见、摸得着的媒介进行信息传输的通信形式,包括明线通信、电缆通信、光缆通信等,具有可靠性高、成本低、适用于近距离固定通信等特点。

(2) 无线通信是指通过看不见、摸不着的媒介(例如电磁波)进行传输消息的通信形式,包括微波通信、短波通信、移动通信、卫星通信、散射通信和激光通信等形式,具有灵活、不受地域限制、通信范围广等优点,但也存在易受干扰、保密性差等不足。

目前,近场通信技术(Near Field Communication,NFC)日益成熟,应用广泛。相对于蓝牙和 WiFi 等无线连接技术,NFC 安全性高、连接速度快,成本低廉,但是由于传输速率的限制,它不适合音视频流这样需要高带宽支持的传输。[①] 如图 2-8 所示,NFC 技术在手机上主要应用于以下场合。

图 2-8 NFC 技术在手机上的应用

(1) 接触通过(Touch and Go),例如用户可将存储着门控密码或者票证的设备靠近读卡器来进行身份识别,可用于门禁系统、物流管理以及车票、门票校验等。

(2) 接触支付(Touch and Pay),例如苹果支付服务 Apple Pay,用户在支付时可借助新款 iPhone 内置的 NFC 与 Touch ID 功能,在终端读取器上轻轻一贴,就可轻松完成整个支付流程。

(3) 接触连接(Touch and Connect),例如将两台就有 NFC 功能的智能手机背靠背接近时,就可以进行图片、音乐、视频以及通讯录等的点对点(Peer to Peer)数据传输。

(4) 接触浏览(Touch and Explore),用户可通过 NFC 手机同具有同样功能的公共电话或海报栏进行连接,方便地浏览交通、新闻等信息。

(5) 下载接触(Load and Touch),用户可通过 GPRS 网络接收或下载信息实现手机

---

① 宋金宝. 走近 NFC——解密近场通讯[J]. 电脑爱好者,2013(14): 66-67.

支付或者门禁的功能,例如,用户可将特定格式的短信发送给家政人员并赋予其手机解除门禁,进入住宅的权限。[①]

4. 内容

内容涉及系统中的数据及其形式,对内容的考虑是理解行为特征的关键,技术支持对于内容也同样重要。在一个运转正常的系统中,需要内容准确呈现,实时更新,相关性强并且表述得当。例如手机在收到新消息或新邮件时,手机系统会弹出相应的通知来提醒用户进行查看。

不同的数据特征对应着不同的输入输出方式,例如条形码适用于数据固定的情况,鼠标、键盘和菜单适用于图形式交互的情况,语音、动作则适用于更自然的人机交互的情况。消息提醒会以文本的形式展示,语音助手会用语音回答问题,体感游戏会以动态图像的形式给予相应反馈,如图 2-9 所示。

图 2-9　内容的形式

■ 2.2　交互设计的目标

Alan Cooper 在《交互设计之路——让高科技产品回归人性》一书中指出"优秀交互设计的本质是能在不妨碍使用者使用的情况下,达到交互目的"。[②] Jennifer Preece 等则在《交互设计——超越人机交互》一书中指出"交互设计就是如何创建新的用户体验的问题"。交互设计需要达成可用性目标和用户体验目标[③]。前者是从产品的角度评价系统的有效、有用程度,而后者则是从用户的角度来感受产品,要求产品具有吸引力和有趣味性。

① NFC [OL] //百度百科. http://baike.baidu.com/view/9670649.htm.
② 艾伦·库伯. 交互设计之路——让高科技产品回归人性[M]. 2 版. 丁全钢,译. 北京: 电子工业出版社,2006.
③ PREECE J,等. 交互设计——超越人机交互[M]. 刘晓辉,等译. 北京:电子工业出版社,2003.

■ 2.2.1 可用性目标

1. 可用性的要素

可用性(Usability)在 ISO 9241/11 国标标准中的定义是"在特定环境中,一个产品对特定用户的有效性、效率和满意度达到特定目标的程度。"按照 ISO 9241 国标标准的定义,可用性主要由有效性(Effectiveness)、效率(Efficiency)和满意度(Satisfaction)3 个要素确定。

(1)有效性。有效性是指用户完成特定任务或达到特定目标时所具有的正确程度和完整程度。一般是根据任务完成率、出错频度、求助频度这 3 个主要指标来衡量的。

(2)效率。效率是指任务有效性与所耗资源的比率,即单位时间完成的工作量,是在相同使用环境下评判产品优劣的重要依据之一。

(3)满意度。满意度刻画了用户使用产品时的主观感受,它会在很大程度上影响用户使用产品的动机和绩效。满意度指标通常使用问卷调查手段来获得[①]。

2. 可用性的属性

《可用性工程》一书的作者尼尔森(Jackob Nielsen)是可用性研究领域的先驱和杰出专家,他发起了简化可用性工程(Discount Usability Engineering)运动,强调用一些快速有效的方法提升用户界面的质量。他提出的可用性十大原则对提高产品的可用性具有深刻的指导意义。

- Visibility of system status(可视性原则);

- Match between system and real world(不要脱离现实);

- User control and freedom(用户有自由控制权);

- Consistency(一致性原则);

- Error strategy(有预防用户出错的措施);

- Recognition rather than recall(要在第一时间让用户看到);

- Flexibility and efficiency of use(使用起来灵活且高效);

- Aesthetics and minialist design(易读性);

- Help users recognize,diagnose and recover from errors(给用户明确的错误信息,并协助用户方便地从错误中恢复工作);

- Help and Documentation(必要的帮助提示与说明文档)。[②]

在进行可用性测试时,Nielsen 建议邀请 3～5 名评估者来执行特定任务并进行度量,

---

① 可用性[OL]//百度百科. http://baike.baidu.com/view/1436.htm.
② NIELSEN J. Ten Usability Heuristics[OL]. http://www.useit.com/papers/heuristic/heuristic_list.html.

为了在一组可用性度量的基础上确定系统的整体可用性水平,不仅要考虑每个测量属性的平均值,还要考虑可用性测量值的整体分布。一般可以从可学习性、效率、可记忆性、出错率和满意度这 5 个方面来理解可用性[①],如图 2-10 所示。

(1) 可学习性。可学习性是指用户能够在短时间内学会使用产品或系统,是最基本的可用性属性。可学性好的产品或系统具有较低的学习成本,用户往往可以在刚接触时就能迅速上手并达到熟练使用的程度,例如自动售票机、自动贩卖机等。另外一种是难于上手但是熟练用户可以达到较高的使用效率,比如专业器械的操作,汽车的驾驶等,如图 2-11 所示。

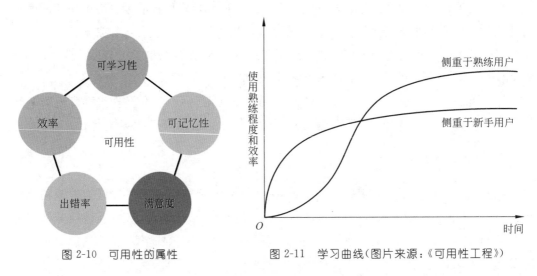

图 2-10 可用性的属性   图 2-11   学习曲线(图片来源:《可用性工程》)

通过测量用户达到某种熟练程度所用的时间,可以对产品的可学习性进行简单度量。但是在真实的生活中,用户往往在学会部分操作之后就开始使用产品或系统,因此在进行可学习性度量时既要测量用户掌握整个系统所花的时间,还要测量用户熟练使用它进行一般工作所用的时间。

(2) 效率。效率是指熟练用户达到学习曲线平坦阶段的稳定绩效水平。熟练用户通常是指具有使用经验的用户,但是什么样的用户才是有使用经验的并没有严格的界定。对于还未形成成熟用户群的产品或系统来说,可以通过用户使用产品或系统的小时数来定义使用经验:当用户的绩效水平(比如完成特定任务所需时间)在一段时间内不再提高时,就可以认定用户已经达到了稳定绩效水平。因此可以通过度量具有某种技能的代表性用户在执行某些典型测试任务所花的时间来度量使用效率。

(3) 可记忆性。临时用户是除了熟练用户和新手用户之外的第三类主要用户,他们既不像熟练用户那样高效、频繁地使用产品或系统,也不像新手用户那样从头开始,而是

① NIELSEN J. 可用性工程[M]. 刘正捷, 等译. 北京:机械工业出版社,2004.

借助之前的经验回忆来进行操作。比如经常使用地铁售票机的用户在使用火车票自动售票机时，通过回忆之前购买地铁票的经验就可根据相关提示顺利完成购买火车票的流程，如图 2-12 所示。

图 2-12　地铁售票机和火车票售票机

有两种方法可以进行可记忆性的度量：一种方法是测试在一段时间内没有使用过产品或系统的用户完成某些特定任务所花的时间；另一种则是在用户结束使用某个产品或系统后，对其记忆进行测试。用户给出正确答案的个数就是用户界面可记忆性得分。

（4）出错率。出错率是指用户在使用产品或系统时执行某个操作的出错次数。在进行出错率统计时，不同性质的错误需要区别对待。某些错误影响很低，在出现后可以被马上纠正，例如重复点击，对于此类出错无须单独统计；而某些错误一旦发生就会有灾难性的影响，导致难以恢复，例如操作不当导致的资料误删，对于此类错误则应在设计时尽量避免。

（5）满意度。满意度是用户在使用产品或系统时感到愉悦的程度，是最终的可用性属性。对于计算机游戏、玩具或者活动娱乐装置这类能为用户提供愉悦或满足的心理体验的产品来说，主观满意度显得尤其重要。

作为一项可用性属性，主观满意度可以从客观和主观两方面进行度量：客观度量主要是通过采集心理—生理指标来评估用户的压力和舒适度，由于用户在面对众多的医学专业设备时会感到紧张从而影响测试结果，因此并不建议使用。满意度是一个非常主观的属性，放松的氛围对于测试结果具有很大的帮助，因此可以采取用户访谈的方法来询问用户的主观想法，并辅以问卷的形式来度量。通常情况下，主观满意度的问卷会很简短并要求用户以 1～5 或者 1～7 的 Likert 量表或者语义差异量表来评价产品或系统，表达他们的同意或者满意程度。由于满意度受个体差异的影响很大，因此需要对大量的问卷结果统计后，才能得到一个平均且比较客观的结果。

2.2.2　用户体验目标

1. 用户体验综述

用户体验这个概念最早是由著名的认知心理学家 Donald A. Norman 在 20 世纪

90 年代中期提出,用来表示用户与系统进行互动时的感受,用户体验也是交互设计所要达到的重要目标之一。在人与产品或系统进行互动的过程中除了达到可学习性好、高效率、可记忆性好、低出错率以及高满意度这些可用性目标外,还应具备富有美感、令人愉快、具有成就感、得到情感满足等方面的品质,所以用户体验贯穿在一切设计和创新的过程之中。

如图 2-13 所示,Kisha 伞让人们同自然形成了一种和谐的关系。因为,几乎所有产品都会以某种方式抵御自然环境带来的困扰,但是这样会使人与自然对立。Kisha 伞上翘的防风外形像一朵花,可以收集雨水顺着空心的伞柄流下,滋润了花朵,也滋润了自己[①]。

NONOBJECT 设计就是深刻理解人与物之间的关系,不简单追求功能性,而是更好的设计人与物之间更生动的行为关系,通过人与产品之间的交流实现相互默契。

NONOBJECT 用设计来探索人和产品之间的情感,与 Norman 所说的情感体验是一脉相承的。

如图 2-14 所示,Toast Messenger 是由一位来自旧金山的华裔产品设计师设计的面包机。它可以将想要表达的文字在面包上烤出来,由此激发人们的内在情感,从而获得全新的用户体验。

图 2-13　Kisha 伞　　　　　　　　　图 2-14　Toast Messenger

（图片来源:《NONOBJECT 设计》）　（图片来源: http://cq. sina. com. cn/news/z/2014-03-09/1109111126. html）

用户体验产生于用户与产品或系统界面进行的交互过程。例如顾客在商场超市购物时看到的导视系统设计,住户参与的家庭室内装修设计,目标用户参与到产品的开发过程,等等。随着体验经济时代的到来,用户体验不但涉及 IT 行业、通信行业、互联网行业、金融业,甚至还有餐饮业和娱乐业,例如星巴克、海底捞、迪士尼乐园等。正如谢佐夫对体验的定义:"把服务作为'舞台',产品作为'道具',环境作为'布景',使消费者在商业活动

---

① 鲁奇克,凯兹. NONOBJECT 设计[M]. 蒋晓, 等译. 北京:清华大学出版社,2012.

过程中感受到美好的体验过程"。

在早期设计交互产品的过程中,由于设计师只是将人机交互界面当作功能的包装而并未对其足够重视,结果导致了经常在整个产品开发过程快要结束时才进行设计。交互设计中用户体验概念的引入让设计师重新认识了产品开发流程。注意用户体验不仅能让产品更加方便、易用,而且能在为用户带来愉快体验的同时产生更大的价值。

在用户的实际使用过程中,有3类因素会对用户体验产生影响:目标用户的状态,交互产品的性能,以及环境因素的影响。通过对这些因素的关注和改进,可以有效地提升用户在与产品或系统交互过程中产生的体验。用户体验的概念以及可用性测试的引入不仅完善了产品开发过程,而且还为设计团队提供了提升用户体验的量化指标。

加瑞特在《用户体验要素》一书中将用户体验分为5个层次,自下而上依次是战略层、范围层、结构层、框架层和表现层。[①]

(1)战略层包括产品目标和用户需求,从企业和用户角度表达了对产品的期望和目标,是用户体验设计流程的起点。在战略层需要回答企业想通过这个产品得到什么以及要解决用户怎样的问题。只有明确双方的期望与诉求,才能制定用户体验各方面的战略。

(2)范围层包括功能规格和内容需求。在这一层需要明确应该提供给用户什么样的内容和功能,需要通过相关的研究方法来收集用户需求以及确定功能范围和需求优先级。

(3)结构层包括交互设计和信息架构。通过上一层对用户需求的梳理之后,需要在这一层确定产品的功能结构关系并对用户使用产品的行为、流程进行引导。

(4)框架层包括界面设计、导航设计和信息设计。需要通过对相关元素的设计来赋予用户做某些事、去某个地方以及传达某种想法的能力。其中良好的信息设计是界面设计和导航设计的前提。

(5)表现层包括视觉设计,是用户感受最强烈的一层,包含着之前4个层面的所有目标。产品或系统通过在这一层与用户的交互来实现自身价值和目标。

用户感知的方式是自上而下的,表现层和框架层往往给用户带来最直观的感受,因此用户讨论的最多的永远是产品的界面好不好看,好不好用;而产品或系统的设计流程则是自下而上、由抽象到具体的理性推导过程,彼此交叉,迭代往复,与产品目标和用户需求密切相关。

2. 用户体验的目标

用户体验及信息架构方面的著名专家 Peter Morville 根据自己在长期的工作实践中

---

① 加瑞特.用户体验的要素:以用户为中心的 Web 的设计[M].北京:机械工业出版社,2008.

得到的经验,总结并提出了用户体验蜂窝模型[①],为设计师提供一种评价产品或系统是否在用户体验层面满足用户需求的参考标准,具体包括有用性、满意度、可获得性、可靠性、可找到性、可用性以及价值性这 7 个元素,如图 2-15 所示。

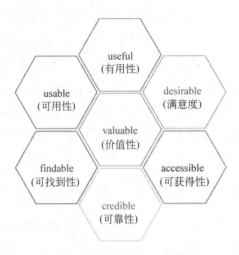

图 2-15　用户体验蜂窝模型图

信息架构专家 James Melzer 在 Peter Morville 的用户体验蜂窝模型的基础上进行了进一步细化,将之前模型外围的 6 个要素重新分为可供性和效用两类。可供性包括可用性、可找到性和可获得性,回答了用户如何找到并使用的问题。效用包括有用性、满意度和可靠性,回答了产品或服务如何满足用户需求与期望。当外围的 6 个元素被满足后,产品或系统的价值就会得以显现,如图 2-16 所示。

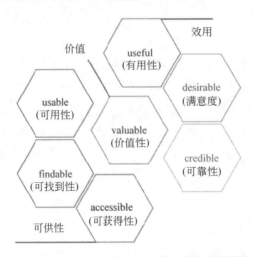

图 2-16　James Melzer 对用户体验要素蜂窝模型图的补充

① MORVILLE P. User Experience Design[OL]. http://semanticstudios. com/publications/semantics/000029. php. 2004-06.

■ 2.3　交互设计的流程与方法

■ 2.3.1　交互设计的流程

　　用户研究是交互设计流程的起点，首先围绕用户目标对用户需求进行深入发掘，在结合得出的研究结果进行设计构思之后，设计师采用产品原型来表达设计概念，然后按照一定的原则或标准对原型进行评估。快速迭代是交互设计流程的关键，通过对设计方案的不断测试，设计师可以及时发现问题并给出改进的解决方案。一般来说，交互设计的流程可以分为以下 4 步，如图 2-17 所示。

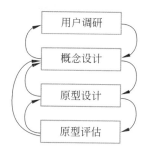

图 2-17　交互设计流程图

　　(1) 用户调研。首先确定产品目标以及调研目的，然后通过介入观察、非介入观察、用户访谈等定性调研手段以及调查问卷等定量调研手段对用户及其使用场景进行调查了解，对用户需求进行深入挖掘，以便深刻理解用户在使用时的心理和行为模式，为后续设计提供良好的基础。

　　(2) 概念设计。设计师在综合分析了用户调研结果、技术可行性以及商业机会之后，便可开始对软件、产品、服务或者系统进行概念设计。设计师通常通过创建场景(Scenario)或者故事版(Storyboard)来对产品或系统未来可能的形态进行探索，并将设计人物角色(Persona)作为创建场景的基础。整个过程反复迭代多次并辅以头脑风暴、无保留交谈、细化概念模型等活动。

　　(3) 原型设计。按原型的表现方式，原型可分为实体原型、外观原型、概念验证原型、实验性硬件原型、数字化原型；按原型表达产品的真实程度，原型可分为低保真原型(Low-fidelity Prototype)和高保真原型(High-fidelity Prototype)，如图 2-18 所示；按原型表达产品功能的完善程度，原型可分为水平原型和垂直原型。原型设计以快速、低成本和准确表达设计概念以及便于测试为目标，在交互设计中经常使用的是低保真原型和高保真原型。[①]

　　对于实物类原型，可用 Arduino(参见本书的姊妹书《产品交互设计实践》的第 4 章)、Max、Phidegets、LEGO MINDSTORMS 等工具与实物模型、功能部件和电子元器件相结合的形式来构建。对于互联网产品类原型，可利用手绘以及 Axure(参见本书的姊妹书《产品交互设计实践》的第 1.4 节)、Visio、Uidesigner、Omnigraffle、Sketch 等相应的原型设计软件来实现。通常，交互设计师采用线框图来描述设计对象的功能和行为。在线框图中，采用分页或者分屏的方式(夹带相关部分的注解)，来描述系统的细节；流程图主要

---

　　① 李世国·顾振宇.交互设计[M]. 北京：中国水利水电出版社，2012.

用于描述系统的操作流程。

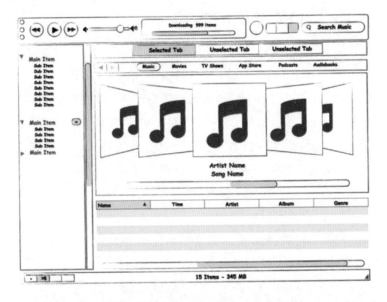

图 2-18　低保真原型与高保真原型

（4）原型评估。原型评估可适用于不同的测试对象，既可以是网站、软件，也可以是产品、服务。当构建了用户可在一定程度上与之交互的原型之后，测试人员便会邀请一定数量的目标用户对原型进行评估。设计师和观察人员会在用户尝试进行特定操作时在一旁观察、聆听并且记录。进行测试的原型具有很大的不确定性，可能是早期的纸面原型也可能是后期的成品测试。

对于原型的评估是一个不断迭代的过程，而每一次的循环性试验都会有一个结果，下一次循环的结果是上一次结果的改进。根据用户评估的结果，设计师需要返回到概念设计或者原型设计阶段对产品重新进行修改,通过对原型的反复评估和修改,直到满足用户需求。

2.3.2　交互设计的方法

Dan Saffer 在《Designing for Interaction:Creating Innovative Applications and Devices》(国内译为《交互设计指南(第 2 版)》)一书中提出了交互设计的 4 种方法,如表 2-1 所示。[①]

表 2-1　交互设计的 4 种方法(来源:《交互设计指南》)

方　　法	概　　述	用　　户	设　计　师
以用户为中心的设计	关注用户需求和目标	设计的向导	用户需求和目标的翻译者
以活动为中心的设计	关注需要完成的任务和目标	任务的执行者	为活动创建工具
系统设计	关注系统的组成部分	设定出系统的目标	保证系统所有部件各就其位
天才设计	依靠设计师的技巧和智慧设计产品	验证的来源	灵感来源

(1) 以用户为中心的设计。以用户为中心的设计(User Centered Design,UCD)是指在产品或系统设计、开发、维护的各个流程从用户的需求感受出发,强调用户优先的设计模式。在采用以用户为中心的设计时,除了关注产品的使用流程、信息架构、人机交互方式之外,还需要关注用户的使用习惯、预期的交互方式、视觉感受等方面。

在以用户为中心的设计过程中,一般要运用定性和定量的研究方法对用户的需求和用户希望达成的核心任务进行分析研究。定性研究通过观察、实验和分析的方法来考察研究对象是否可替换为目标属性或特征,通常包括观察法、用户访谈、焦点小组、人类学现场调研和可用性实验室等研究方法[②]。定量研究通常采用统计、数学计算等方法来对研究对象的特征值进行比较和测量,也可求出某些因素的量变规律,包括调查问卷和数据分析等研究方法。[③]

采用以用户为中心的设计方法可以充分了解用户的需求,减少用户的学习成本,提高产品的易用性、满意度以及用户体验。例如通过语音、触摸、震动等人机交互方式,让盲人能像健全人一样使用手机进行自如地交流;通过增大按钮,增加文字对比度,减少操作步骤,提供相关帮助,让老年人也能享受互联网服务的便捷;通过轻松、有趣的多媒体的互动方式对儿童进行启发教育,激发孩子的学习兴趣,如图 2-19 所示。

---

① SAFFER D. 交互设计指南[M]. 北京:机械工业出版社,2010.

② 定性研究[OL]//百度百科. http://baike.baidu.com/view/446672.htm.

③ 定量研究[OL]//百度百科. http://baike.baidu.com/view/446720.htm.

图 2-19　爱奇艺动画屋

以用户为中心的设计方法在互联网产品的设计中应用广泛,互联网公司的产品团队一般会通过用户调研、产品论坛、QQ 群和后台数据对用户的反馈进行分析,挖掘用户的真实需求,通过快速的产品迭代给用户带来更好的体验,保证用户的价值实现。

以用户为中心的方法往往建立在用户了解产品的基础上,如果过于依赖用户的反馈,有时会导致产品和服务的视野狭窄,限制产品的应用空间。

(2) 以活动为中心的设计。以活动为中心的设计(Activity Centered Design,ACD)是由活动来引导,需要关注任务和目标,围绕完成任务需要的一系列决策和动作展开设计。Norman 认为,通过了解人类适应可操控工具的过程和人类利用一系列工具从事的活动,可以有助于这些工具的设计。当设计师关注演奏乐器、驾驶汽车等处理事情的本身而不是更遥远的目标时,会更好地设计具有复杂活动或功能的产品。

与以用户为中心的设计相似,以活动为中心的设计方法同样需要设计师观察并访谈用户,知晓他们对行为的领悟,以帮助用户完成任务。这就需要设计师密切地关注与用户行为活动有关的交互,留意强调用户体验之外可能被忽视的某些任务,给出综合性的解决方案,帮助用户实现超越预先设想的设计结果。例如"微信"的"摇一摇"功能,就是利用了人类"抓握"和"摇晃"这两个最古老的手势,通过简单有效的方式来激发人的本能,如图 2-20 所示。"摇一摇"包括以下体验。

动作:摇动;

视觉:屏幕裂开并合上来相应动作;

听觉:有吸引力的声音(男性是来福枪,女性是铃铛)来响应动作;

结果:从屏幕中央滑下的一张名片。[1]

"摇一摇"通过简单而自然的交互操作将人和人"连接"到一起。

以活动为中心的设计方法并非独立存在的,它仍然需要兼顾以用户为中心设计方法的观点和思想,设计师如果只专注于用户的活动,可能会导致对全局考虑的缺失。

(3) 系统设计。系统设计(System Design,SD)是将用户、产品(设备、机器、物件等)

---

① 张小龙. 微信"摇一摇"是人类的本能[OL]//互动百科 http://www.baike.com/wiki%E5%BC%A0%E5%B0%8F%E9%BE%99 [%E5%BE%AE%E4%BF%A1%E5%88%9B%E5%A7%8B%E4%BA%BA]

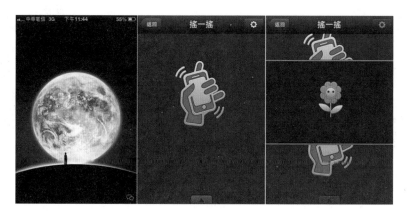

图 2-20　微信摇一摇

和环境等要素构成的系统作为一个整体来考虑,分析各组成要素的作用与相互影响,根据系统目标提出合理的设计方案。系统设计能够以全局性的视角来审视使用场景以及系统组成要素之间的相互影响,是一种非常理性的设计方法。

在进行系统设计时,需要明确系统中的各个要素(设施、概念、规则、前台服务者、后台服务者和客户)及其关联。以青年旅舍的服务为例,青年旅舍除了为背包旅游者提供价廉质优的住宿设施外,还要考虑如何宣扬文化交流、社会责任;实践环保、爱护大自然;简朴而高素质生活,自助及助人的理念。如何让背包旅游者遵守自助服务的规则,如何让前台工作人员与背包旅游者更好地进行互动,如何更好地与国际青年旅舍联盟进行配合,如何促进背包旅游者之间彼此的交往。

在整个系统中,各要素之间协助配合,相互影响。

设施:床位(或房间)、自助洗衣房、自助厨房、公共区域、酒吧、图书馆、游戏室等。

理念:文化交流、社会责任;实践环保、爱护大自然;简朴而高素质生活,自助及助人。

规则:提倡节约能源和环境意识,不支持一次性用品的使用;鼓励青年之间的自助与助人,倡导独立的生活和旅行理念。[①]

前台服务者:青旅工作人员提供当地信息以及相关住宿服务的办理。

后台服务者:国际青年旅舍联盟提供宣传渠道和相关培训。

客户:背包旅游者通过公共空间和世界各地的同游者一起聊天、交流、拼车、结伴。如图 2-21 所示。

设计师在进行系统设计时不仅应当将用户作为主要的组成要素之一,还应以用户需求为目标,关注用户与场景的关系,用户与物理系统的交互行为,通过多维度的系统思考给出一个令多方满意的解决方案。

(4) 天才设计。天才设计(Genius Design,GD)主要依赖设计师的智慧和经验来进行

---

① 国际青年旅舍·中国. http://www.yhachina.com/index.php? hostID=1

图 2-21　青年旅舍

决策。设计师需要以自己卓越的判断力来确定用户的需求,然后基于这样的判断来设计产品。[①] 这种方法完全依靠设计师天才的创意和才干,对设计师的能力要求极为苛刻。随着苹果公司 iPod、iPhone 和 iPad 的成功,人们经常会误以为天才设计无须进行用户调研或者用户研究,但是实际的情况是天才设计除了设计师对自身能力的自信,还离不开其对用户、文化、市场社会结构的精确把握。

苹果公司的工业设计高级副总裁 Jonathan Ive(如图 2-22 所示)在谈到关于消费者如何在苹果商店中与苹果笔记本计算机互动的情况时,曾经这样描述自己的观察:"消费者在苹果店中更注重的是亲身接触的体验感受,他们从不介意通过移动或者触摸这些计算机来体验"[②]。苹果公司通过产品形态的设计、界面元素的呈现、先进科技的运用在消费者使用苹果产品时创造了一种真实的接触体验,从而让消费者直接感受到对苹果产品的掌控感。设计师在进行天才设计之前,除了聆听消费者叙述自己的感受,表达自己的想法之外,还应仔细观察他们的在体验产品时的真实表现,敏锐把握他们真情流露的瞬间,不仅要听消费者怎么讲,更要关注他们具体怎么做。

图 2-22　Jonathan Ive 的代表作

实际上,在设计的过程中设计方法的选择无所谓对错,重点在于设计方法的应用能否有利于最优的设计目标与设计结果的实现,各种设计方法各有所长,设计师只有将各种方法取长补短,融会贯通,才能灵活运用,输出优秀的设计方案。

---

① 　SAFFER D. 交互设计指南[M]. 北京:机械工业出版社,2010.
② 　发现颠覆性商机的四种途径[OL]. http://www.eeo.com.cn/2012/0109/219341.shtml.

■ 2.4　实体产品和互联网产品中的交互设计

Bill Moggridge 认为，交互设计既要重视对实体产品的设计，也要重视对服务体验的设计。由于信息技术的快速发展，产品出现复合化、智能化、简洁化和便携化的特点，产品外形设计比重减少，产品内部关联性和交互性成为关注的重点。交互设计涵盖了物质设计和非物质设计这两个方面，即硬件设计与软件及其服务的设计。交互设计中的物质设计主要是以日常生活中的实体产品为代表，交互设计中的非物质设计主要以互联网产品及其服务为设计对象。

■ 2.4.1　实体产品中的交互设计

从原始社会到工业革命的漫长时间里，人与产品的信息交流绝大部分是单向的，如用犁耕地、用箭狩猎、用斧劈柴等，在这个过程中，人是交互的主体，产品是交互的对象。由于与产品本体进行物理接触符合人的认知习惯，因此通常不会产生交互障碍。随着科技的发展和时代的变迁，交互形式也由原始形态向更高层次的形式转化，以电灯为例，电灯的发明改变了人们用嘴吹灯的习惯，可以通过开关来实现对灯的控制。在这一交互过程中，人是信息的发出者，产品是信息的接受者，在接受到相关指令之后，产品会据此做出相应的改变。这时，除了再考虑产品的外观形态是否符合人的认知和操作习惯，对产品工艺和隐喻映射方面也提出了要求。随着信息技术的发展和智能化时代的到来，现代人操作计算机与古人使用原始器具之间有了本质区别，人和产品之间关系由人为主体、产品为客体逐渐转变为人和产品互为主体了。

2007 年苹果公司发布了具有划时代意义的产品 iPhone，通过出色的界面设计和极佳的用户体验重新定义了智能手机。由于"多点触摸"技术的引入，用户只需通过两根手指在屏幕上张开或合拢就可随意调整图片的大小，这种符合用户认知的交互行为使得用户在使用过程中无比顺畅，具有极佳的易用性。此外 iPhone 还针对不同的使用情境和人群特征提供了不同的手机应用来满足用户的需求，成为人们日常生活中不可或缺的伙伴，如图 2-23 所示。

在飞利浦公司 Wake-Up Light 的设计中，设计师利用了人们"日出而作，日落而息"的自然习性，通过模拟太阳升起时卧室里的光照情景来把用户将睡梦中唤醒。Wake-Up Light 会在每天清晨设定好的时间缓缓亮起，并伴随着由远及近的大自然中的清脆鸟鸣或者传统怀旧的收音机声音，将睡梦中的用户温柔唤醒，让用户苏醒的一刻便拥有一个完美的清晨，让起床成了一种非常愉悦的体验。全新的交互方式令人自然舒服，符合用户的行为和心理需求，如图 2-24 所示。

iPhone 6 Plus　　　iPhone 6　　　　iPhone 5 Ⓢ　　　iPhone 5 ©

图 2-23　iPhone 的演化

（图片来源：http://apple.com/cn/iphone/compare/）

图 2-24　利浦 Wake-Up-Light

（图片来源：Lighthttp://www.pixmania.ie/light-therapy-and-infrared-lamps/philips-hf3510-01-wake-up-light/17998044-a.html）

　　微电子技术的发展使得性能更高、功耗更低、体积更小的计算机芯片深入到日常生活的各类电子产品之中。随着其与移动互联网技术的结合，昔日幻想的部分可穿戴设备如今已成为人们生活中必不可少的伙伴，在带给人们极大便利的同时深刻地改变了人们的生活方式。依赖于鼠标和键盘的传统操作方式逐渐被语音、动作、手势甚至人的面部表情等交互方式所替代，产品提供了更加直接、更快捷的交互方式来适应用户的需要。

　　Google Glass 的出现解放了人们的双手，更加贴近视觉的想象空间，如图 2-25 所示。配备了陀螺仪和加速器的谷歌眼镜可以追踪用户的脸部朝向和角度。除了通过内置的蓝牙模块连接安卓系统智能设备实现语音控制外，用户还可以通过谷歌眼镜观看视频、阅读邮件、浏览短信和查看股票实时行情。谷歌眼镜中的图像相当于在 3 米处观看 62 寸大屏幕的效果,用户可以利用谷歌眼镜进行实时导航、查询天气、管理音乐视频、查找夜空中的星座以及实现一些意想不到的功能。[①]

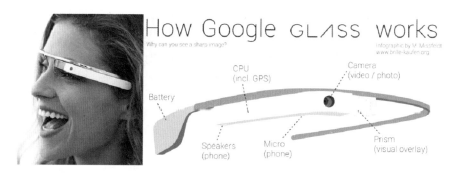

图 2-25 Google Glass

(图片来源：http://baike.sogou.com/vo9764760.htm)

随着普适计算和物联网技术的迅速发展,"物与物"之间也在逐渐发生关联,实体产品变得更加智能,人们因此可以随时随地享受到智能产品的服务。

2011 年"iPod 教父"Tony Fadell 正式发表他的创业代表作：智能温度调节器 Nest,如图 2-26 所示。Nest 可以通过内置的移动监测器监测房间内是否有人活动,在记录用户

图 2-26 智能温度调节器 Nest

(图片来源：http://www.philips-store.com/store/catalog/light-therapy/wake-up-light/wake-up-light/pooductdetail/HF3520_60_us_shoppub/us/en? active_tab=photo&view=photo#productDetailtabs/)

---

① 范晓东. 穿戴式设备兴起：科技想要拥抱生命[J].互联网周刊,2013 (5)：42-44.

的日常作息习惯一段时间之后可以智能开启或关闭,以此自动调节室内温度。在 Nest 的帮助下,用户可以随时随地通过手机来调节家中的温度,例如可以设定 Nest 在某一时刻将家中某个房间调整到某个特定温度。Nest 可以根据用户设定好的温度进行智能微调,比如夏天稍微调高冷气的温度,冬天稍微调低暖气的温度以达到省电的目的。不仅如此,当检测到屋内没人时,Nest 还会自动进入"度假模式",达到环保节能的效果。

2.4.2　互联网产品中的交互设计

1．互联网产品的概念

如今互联网已成为人们日常生活中必不可少的一部分,小到手机通信,大到网络购物,人们的生活跟互联网产生了越来越紧密的关系。

互联网产品是从传统意义上的产品延伸而来的,是满足互联网用户需求和欲望的无形载体。简单来说,互联网产品就是指网站为满足用户需求而创建的用于运营的功能及服务,它是网站功能与服务的集成。[①]

目前的用户常接触的互联网产品大致可分为以下几类。

- 搜索引擎:例如谷歌、百度、必应等搜索网站。
- 媒体网站:新浪网、新华网、凤凰网等网站。
- 宣传网站:例如企业、组织、政府部门的宣传网站。
- 社交网站:新浪微博、豆瓣、QQ 空间、人人网等。
- 电子商务:淘宝、天猫、京东、美丽说等网上购物网站。
- 传统论坛:天涯社区、百度贴吧、西祠胡同等各类 BBS。
- 移动互联网产品:移动终端上的应用,如微信、陌陌等各类应用。

互联网是一个开放的舞台,产品更新换代非常迅速。即使同一种产品,甚至同一个产品,不同的人所看到的特点也有所不同。总之,互联网产品具有变化快,质量低,功能操作与信息传达并重,高速创新带来的无标准等特点。[②]

2．互联网产品交互设计的原则

许多专家从不同的角度总结了很多交互设计的原则,其中最著名的有"交互设计七大定律"(参见本书姊妹书《产品交互设计实践》第 3.3 节)。另外,下面介绍的 6 条也是业界所公认的互联网产品交互设计的原则。

(1) 简捷性。交互设计中的简捷性并不是指设计外观简单、功能单一,而是将产品的复杂性进行整合,去除不必要的信息与操作,将核心功能通过恰当的方式展示给用户,恰

---

① 互联网产品[OL]//百度百科. http://baike.baidu.com/view/3434968.htm.
② 付向前. 交互设计的推广与应用[J]. 硅谷,2011 (22)：138.

如 Dieter Rams 的名言"Less But Better"。Giles Colborne 在《简约至上》一书中提出的达成交互设计简洁性的 4 条著名策略：合理删除、分层组织、适时隐藏和巧妙转移，将产品的核心价值通过简捷的形式进行表现[①]。以 Google 主页为例，如图 2-27 所示，当谈起Google 的时候，人们都会在头脑中浮现出其简捷、优雅的搜索页面，并为其强大的搜索能力所折服。Google 搜索页面之所以令人印象深刻，究其原因是设计师隐藏了所有的复杂性，将其他少用或者高级的功能转移到"更多"中，最后只剩一个简单的搜索框呈献给用户，以满足不同层次用户的需求。通常，依据用户的使用经验可将用户分为新手用户、中间用户和专家用户(参见本书第 3 章)。在设计的过程中需要考虑到所有层次用户的使用习惯，让新手快速和轻松地成为中间用户，为想成为专家的用户构建快捷途径，同时，让永久的中间用户感到愉快。

图 2-27　谷歌首页

(图片来源：https://www.google.com/)

（2）设定期望并建立反馈机制。在互联网产品的设计中，要求设计师做到在操作前让用户对产品有一定的预期；在操作中产品要对用户的操作及时反馈；操作后允许用户撤销之前的操作；产品对于正确的操作要做出积极地反馈；鼓励用户可以进行下一步操作；对于错误的操作，产品需要友好地指出用户的错误并提供相应的解决方案；让用户可以对之前的错误操作及时修正或者撤销。具体来说互联网产品中的反馈可以分为视觉反馈、听觉反馈、触觉反馈和嗅觉反馈并且不同形式的反馈会带给用户不同的心理感受。例如163 邮箱界面彩色的 "发送"按钮以视觉隐喻的形式来引导用户进行操作，当用户点击之后，会出现"发送成功"的字样来提示用户任务已完成，带给用户积极的反馈[②]，如图 2-28所示。

①　COLBORNE G.简约至上：交互式设计四策略. 李松峰，等译.［M］.北京：人民邮电出版社.2011.

②　王林，蒋晓. 反馈机制在移动互联网产品设计中的应用研究[J]. 包装工程，2013(16)：75-78.

图 2-28   163 邮箱发送界面效果

（3）保持一致性。关于一致性，《韦氏词典》的定义是"一致性是指产品的部分界面或功能与产品其他界面或产品整体的一致或协调。"一致性可以让界面更容易被预知，可以降低用户的学习成本。同类界面元素要有相似的外观，达到视觉上的一致性，操作上还要有相同的行为方式，因为人们会尝试把已有的心理模型应用于相似的界面元素。如果设计与用户的预期不一致，会造成用户的迷惑、沮丧甚至会愤怒，所以在设计中要采用常见的用户界面元素和它们标准的行为方式，如图 2-29 所示。

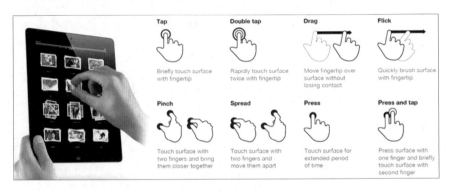

图 2-29   iPad 交互手势

（4）具有容错性。用户在使用产品的过程中难免会犯错误，因此设计师在设计时需要考虑产品的容错性，为用户提供反悔的机会。首先，对错误进行预防。在用法说明和对话中使用清晰、简明和惯用的语言，明确告诉用户应该如何选择和避免出现错误；其次，对用户输入的信息进行保护，当用户不小心退出时不会丢失；最后，友好地指引和提示。当用户操作出现错误时，要以一种友好客观的语气，明确告诉用户发生了什么情况，并为用户提供撤销的操作，避免错误的再次发生。例如，当用户用 iPad 浏览网页不小心关闭当前标签时，Safari 网页浏览器提供了一个非常贴心的功能，用户只需长按标签栏右上角的"＋"，就可以方便地打开最近关闭的标签窗口，避免了重新操作，如图 2-30 所示。

（5）减少记忆负担。用户在处理信息，学习规则和记忆细节方面的信息处理能力是有限的，1956 年乔治米勒对短时记忆能力进行了定量研究，他发现人类头脑在记忆含有 7（±2)项信息块时表现最佳，但在记忆了 5～9 项信息块后大脑便在不同程度上出现错误。在产品设计的过程中除了确定优先级别，关注核心内容，删除冗余信息外，还要遵循用户

图 2-30　iPad Safari 浏览器

的行为习惯,通过信息的适时呈现对用户的操作进行引导,突出重点,一目了然,确保交互行为的顺利进行。例如轻博客鼻祖 tumblr 通过简化布局,弱化背景,亮色调突出导航和内容部分,让用户在发轻博文和阅读时能够轻易找到相应的功能按钮,如图 2-31 所示。

图 2-31　轻博客 tumblr 界面

(图片来源:https://www.tumblr.com/)

　　(6)易学习性。交互设计不仅要考虑到产品的可用性,在功能层面丰富产品性能,还需要考虑用户易学习性,即从用户层面考虑产品,产品不仅能实现某项功能或达到使用目标,用户同样能以更少的认知和注意力资源的消耗来达到自己的使用目的。例如 Rovio Mobile 公司风靡全球的游戏《愤怒的小鸟》,除了清新简洁的游戏界面和轻松欢快的背景音乐之外,最让人印象深刻的是其简单的交互操作,用户只需要一拉一放,或者再多点一下屏幕就轻松完成了一个回合。除此之外,游戏还充分利用了用户在现实生活中的经验,用户可以通过手指滑动弹弓来调节小鸟的角度和速度,进行瞄准或者射击,极大地降低了用户的交互成本,如图 2-32 所示。

图 2-32 《愤怒的小鸟》游戏界面

有时,用户在完成某个复杂的任务或在陌生的产品中可能会迷失,针对这一情况,设计师还应利用文字说明、功能提醒、操作引导、操作示意、说明书等方式为用户提供适当的帮助。但采用的方式一定要符合用户心理预期,避免对用户的使用造成不便。例如微信4.0 版的新功能引导就是一个很好的例子。微信 4.0 版新增了相册功能,并支持分享相册到朋友圈。在介绍新功能的引导页上,微信通过讲故事的形式清晰表达了内容与设计关系,让用户可以快速了解并上手使用,如图 2-33 所示。

图 2-33 微信 4.0 版的引导页

■ 2.5　本章小结

　　交互设计是对交互系统的设计,需要关注人、行为、场景和技术等要素。在设计的过程中注意要灵活应用以用户为中心的设计、以活动为中心的设计、系统设计或者天才设计中的一种或多种,达到产品可用性和用户体验的目标。满足设计的产品使用户"一看就懂"、"一学就会"、"一用就爱不释手"。

　　当下的交互设计师更像是导演,恰如《NONOBJEC 设计》一书中所说的"戏剧性的世界剧场"——世界是一个剧场,用户是演员,产品是道具。而使用产品的过程,就犹如在导演的引领下,按照既定剧目的脚本,充盈着跌宕起伏、妙趣横生、愉悦快乐……[①]

■ 本章参考文献

[1]　BENYON D,TURNER P,TURNER S. Designing Interactive Systems[M]. [S. l.]:Pearson Education Limited,2005.

[2]　NORMAN D A. The Design of Everyday Things[M]. [S. l.]:Basic Books,2002:3-10.

[3]　李世国. 交互系统设计——产品设计的新视角[J]. 装饰,2007(2):12-13.

[4]　李世国,顾振宇. 交互设计[M]. 北京:中国水利水电出版社,2012.

[5]　"增强现实探秘":现实与虚拟融合[OL]. http://digi. tech. qq. com/zt2013/ar/index. htm.

[6]　Siri[OL]//百度百科. baike. baidu. com/view/6573497. htm.

[7]　Apple watch[OL]//百度百科. http://baike. baidu. com/view/14847991. htm.

[8]　https://www. apple. com/cn/watch/technology/.

[9]　NFC[OL]//百度百科. http://baike. baidu. com/view/9670649. htm.

[10]　艾伦·库伯. 交互设计之路——让高科技产品回归人性[M]. 丁全钢,译. 北京:电子工业出版社,2006.

[11]　宋金宝. 走近 NFC——解密近场通信[J]. 计算机爱好者,2013(14):66-67.

[12]　PREECE J,等. 交互设计——超越人机交互[M]. 刘晓辉,等译. 北京:电子工业出版社,2003.

[13]　可用性[OL]//百度百科. http://baike. baidu. com/view/1436. htm.

[14]　NIELSEN J. Ten Usability Heuristics[OL]. http://www. useit. com/papers/heuristic/heuristic_list. html.

[15]　NIELSEN J. 可用性工程[M]. 刘正捷,等译. 北京:机械工业出版社,2004.

[16]　鲁奇克,凯兹. NONOBJECT 设计[M]. 蒋晓,等译. 北京:清华大学出版社,2012.

[17]　加瑞特. 用户体验的要素:以用户为中心的 Web 的设计[M],北京:机械工业出版社,2008.

---

　　① 李佳星,蒋晓. 工业设计的延伸和拓展——交互设计[J]. CAD/CAM 与制造业信息化,2014(6):29-30.

［18］　SAFFER D. 交互设计指南［M］. 北京：机械工业出版社，2010.

［19］　定性研究［OL］//百度百科. http：//baike. baidu. com/view/446672. htm.

［20］　定量研究［OL］//百度百科. http：//baike. baidu. com/view/446720. htm.

［21］　张小龙. 微信"摇一摇"是人类的本能［OL］//互动百科 http：//www. baike. com/wiki/％E5％BC％A0％E5％B0％8F％E9％BE％99［％E5％BE％AE％E4％BF％A1％E5％88％9B％E5％A7％8B％E4％BA％BA］

［22］　服务设计的难点［OL］. http：//www. tuzei8. com/2014/03/service-design/.

［23］　发现颠覆性商机的四种途径［OL］. http：//www. eeo. com. cn/2012/0109/219341. shtml.

［24］　范晓东. 穿戴式设备兴起：科技想要拥抱生命［J］. 互联网周刊，2013（5）：42-44.

［25］　互联网产品［OL］//百度百科. http：//baike. baidu. com/view/3434968. htm.

［26］　付向前. 交互设计的推广与应用［J］. 硅谷，2011（22）：138.

［27］　COLBORNE G. 简约至上：交互式设计四策略［M］. 李松峰，等译.［M］. 北京：人民邮电出版社，2011.

［28］　王林，蒋晓. 反馈机制在移动互联网产品设计中的应用研究［J］. 包装工程，2013（16）：75-78.

［29］　李佳星，蒋晓. 工业设计的延伸和拓展——交互设计［J］. CAD/CAM 与制造业信息化，2014（6）：29-30.

第 3 章

用户体验与心流理论

互联网技术的发展加速了经济的发展，从自然经济到商品经济再到服务经济，最后向体验经济转变。在体验经济时代，无论是企业还是设计师必须以满足用户的个性需求，关注用户的主观体验，并给予用户美好感受为主旨，才能引起用户的"情感共振"。用户体验体现在生活的方方面面，指的不是一个产品的性能和作用，而是人们如何使用它，以及使用过程中的主观感受。而用户体验设计关注的是用户与产品交互时的所有方面：产品如何被理解以及用户如何学习和使用。因此，用户体验设计倡导的是站在用户的角度进行设计分析，用户直接参与并影响设计，以做出符合用户需求的设计。

另外，心流是用户体验的最佳状态，互联网产品设计中的心流体验研究越来越受到重视，设计师通过目标任务、挑战、反馈和激励等机制来引导用户，为用户提供优质的心流体验，用户也追求持续获得此高效的、忘我的状态，并产生依赖感。因此，心流体验作为用户使用产品的先决条件，可以提高互联网产品的使用效能及满意度，从而提升用户黏度[①]。

本章将介绍的内容如下：

(1) 用户体验的概述；

(2) 用户体验的要素；

(3) 心流理论概述。

---

① 李爽，蒋晓. 心流理论在互联网产品设计中的应用研究[J]. 艺海，2013(5).

■ 3.1　用户体验的概述

■ 3.1.1　体验生活

　　人们每天都会与不计其数的产品和服务打交道,当回忆所接触到的产品或服务时,感觉是错综复杂的。优质的产品和人性化的服务让人心情愉悦、备受鼓舞,从而深得青睐;劣质的产品和冷淡的服务会带来压抑、沮丧等负面情绪,从而引起反感。例如,若想享受咖啡,大部分人更倾向于在星巴克,而不是在麦当劳或者肯德基。

　　例如,同样一部 iPhone 手机对于普通大众和计算机操作人员的价值区别很大,大多数普通用户是在享受 iPhone 手机的拍照、音乐等娱乐功能,而计算机专业人员则更多沉迷于 iPhone 手机的软硬件一体化配置,所以不同的人群会因为不同的使用目的和使用方式,而对同一产品的想法和感受产生差异,如图 3-1 所示。

图 3-1　iPhone 手机的不同用户人群

　　另外,同一个人在不同的时间或者地点对产品的看法和理解也会有所差别,这也是为什么人们虽然已经将自己喜欢的音乐设置为手机铃声,但在上课和开会等场合中,手机突然响起铃声依旧会令人感到尴尬、无奈。

■ 3.1.2　用户体验的内涵和作用

　　现实生活中的产品或服务能给人们带来不同的感受,在日常生活中人们似乎会经常遇到"不愉快"或"倒霉"的事,例如,由于社区因检修电表而导致突然断电,使家中的电饭锅无法使用，耽误了人们吃晚饭，使心情变得烦躁。这种类型的不愉快的事件在日常生活中似乎并不少见。

其实，认真地分析一下，这种事情是可以避免的。不能正常吃饭的原因是电饭锅不工作。假如电饭锅有蓄电功能，即使断电也不受影响，或者更智能化，在断电的时候能提示用户……

电饭锅不能正常运转的源头是断电，假如供电公司或社区管理部门能提前给用户一个通知，让用户事先准备，也许用户下班后直接在外面吃饭，甚至借此机会跟朋友或家人欢聚一下，用户的心情也会是愉悦的。

从上面的分析可知，很多所谓的"倒霉"事是完全可以避免的。导致这种状况发生的很大原因是对用户体验的关注度不够。在产品设计和开发的过程中，无论是设计师还是开发工程师更多注重的是产品的性能能否实现。而用户体验这一重要因素虽然是决定一个产品能否成功的关键因素，但却很容易被忽视。

用户体验指的不是一个产品的性能和作用，而是人们如何使用它，包括使用过程中的主观感受。所以用户体验注重的不是一个产品本身的功能作用，而是关注产品如何与人交流，如何与外界发生联系的过程，简单来说就是人们如何使用它，以及使用中的所有感受。例如，它学起来难不难？应用的界面好不好看？使用的过程感觉怎么样？

受个人经历、社会条件、文化背景等因素的影响，每个人对同一件事情的感受不可能都相同。用户体验显示更多的是人们的主观想法和主观思维，似乎很难作为定量考察研究的因素；但是当了解到一个群体的感受时，就能客观地反映出一些规律。因此，尽管体验是主观的，但是丝毫不影响人们对它的重视。例如，在淘宝网上看某种商品的买家评分时，一个买家的差评可能是特例，但是当多个买家都给出差评时，就值得警惕。

用户体验常常体现在细微之处，因此很难引起人们的注意，容易被忽视，但它却是非常重要的。

有一家公司每天都会收到员工相类似的投诉说"在上班高峰期的时候，公司的电梯不够用，会让员工在等待的时候心情烦躁，而影响一整天的工作质量。"这个问题引起了高层的重视，但是如何解决呢？重新规划楼层布局，增加电梯数量，延后员工上班的时间等很多建议都会在很大的程度上影响公司的效益。一个设计师偶然知道了这个问题，并提出了自己的想法：他通过对用户人群在乘电梯时的情绪、心理等进行分析后发现，如何让员工在等电梯的时候转移注意力才是问题的关键。最后他建议老板只需在电梯旁加一面镜子就可以解决问题。事实也确实如此，员工在等待电梯的过程中，不再是在无聊中等待，而是可以通过镜子整理自己由于匆忙奔波而不整洁的衣装或凌乱的发型，甚至可以借此跟同事找到话题聊天，从而消除了他们的抱怨。

以前，人们用响水壶烧水就是通过不同的声音来提示水的沸腾程度，自然而清晰，也不用专门花费时间去学习，早已形成了人们的生活常识，而这正是现代很多电水壶设计过程中设计师应当考虑的重要设计因素,能引起人们与产品的共鸣,降低人与产品之间的陌生感和认知摩擦,符合人们对日常生活用品的认知习惯。

对于大多数移动互联应用产品,成败都可以归结为一个词:用户体验。尤其是现代竞争如此激烈,如果设计师或开发人员在一开始没有对用户的需求进行探究和分析,在很短的周期内完成一个应用,并希望能在得到一些负面的评论后再进行改良优化,这样的日子已经一去不复返了。简而言之就是网络用户的选择很多,如果在使用应用的时候需求没有得到满足,在一些细节上不能满意,就会转移目标。

■ 3.1.3　用户体验设计

Donald Norman 对用户体验设计的界定是"用户体验设计处理的是用户与产品交互时的所有方面,即如何理解、学习和使用产品",而这些方面包括与产品性能相关的所有交互和视觉设计,以及用户使用过程中的主观感受或者看法等方面。所以,用户体验设计解决的是产品或者服务、人、环境的综合问题。例如设计清洁工的工装时,视觉设计上选择荧光绿的反光布料是为了在道路上工作时能引起行人或驾驶员的注意;功能设计上要保证这些衣服不会束缚他们工作,而且必须要耐磨、耐脏等。

用户体验设计不同于产品设计,虽然每一个产品都是把人当成用户来设计的,但是两者的侧重点有所区别。产品设计注重的是产品自身的性能,即功能是否完善,外观是否美观,能不能发挥其纪念价值等作用;而用户体验设计注重的是人在使用产品时所产生的主观体验,体验的满意度并不只是取决于产品的功能或外观。对于老年人来说,美观精巧的智能手机可能还不如家里已经过时的电话机实用。

任何设计的成功取决于用户能否满意,愿不愿意买单。在乎用户的想法是用户体验设计的重要环节,"以用户为中心的设计"是用户体验众多方法中最吸引人、最高效率的方法。如果没有清晰、详细的关于用户的知识、不了解用户需求以及用户行为特征、思维习惯等限制条件,就不会有明确的设计目标,哪怕是对设计流程再熟悉,再富有创造力的设计师,设计出成功产品的概率也会很低。这就是为什么在移动应用市场上,很多应用还没面世就已经注定了失败。

以用户为中心的设计思想就是在开发产品的每一个环节,都把用户列入考虑的范围,只有考虑了用户的体验,探索和分析现象背后的原因,并把它们分解成各个组成要素,从不同角度来了解和分析,才能让设计出的产品达到用户的期望,满足他们的需求,从而也决定了这个产品是否具备用户价值。解决用户价值的问题,是用户体验设计的基础。一个产品或服务是否具有用户价值的一个基本因素是可用性,所以用户体验设计首先必须解决产品的可用性,除此之外,还有涉及产品吸引力等问题。

设计异于艺术的一个重要特点是它必须即时被市场所需要,简单来说必须具有商业价值。然而很多时候,产品的用户价值和商业价值很难兼顾,这也是很多 UED 部门普遍遇到的难题。例如,在宣传一个新的移动应用时,UED部门的员工会对用户讲解应用如何好用、易用,以此来吸引顾客购买;但公司却希望员工能向用户灌输产品应用的功能是多么的强大而能满足他们各种不同的需求,甚至隐藏了很多他们想不到的"惊喜",妄想以此提高用户价值和商业价值,但是这种方式反而会让顾客望而却步。

又例如,很多热门的网站会增加过多的新闻或者广告,如图3-2所示。这些海量的信息资料不仅影响顾客对自己需求信息的搜索,也会由于加载过程中需要很多脚本代码的支持而使顾客感觉浏览网页时不流畅,从而逼迫顾客直接把网页关掉。

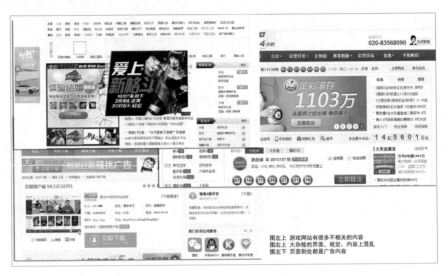

图3-2 过多新闻或广告的网站页面

用户价值和商业价值之间的矛盾似乎出现在各行各业,甚至各个部门和各类项目中,而且很难调解……

如图3-3所示是《Strategy & Leadership》一书中的一张图表——The Progression of Economic Value(商业价值的演进),横坐标是衡量产品价值的变量,纵坐标是产品的竞争力差异化。从中可以看出,处在最后阶段的感受体验(Stage Experiences)的附加值最高,也是商业价值追求的环节,但是从纵坐标可以得出它要求产品的竞争力差异化是比较大的,也就是说产品必须要有自己的个性,才能满足不同用户的不同需求而达到更好的用户价值。而这个阶段最重要的因素就是用户体验。良好的用户体验能提升用户价值,留住或带来更多的用户,从而也促使商业价值的提升。

所以从中可以看出,用户价值和用户体验有着很密切的关系,平衡商业价值和用户价值之间的矛盾得在产品的用户体验上找到根源,寻找化解的方案,才能达成共赢的目的。这也要求用户体验设计师必须针对用户与产品、系统或者服务的每一个接触点进行细致的调研、分析,然后结合商业目标设计有用的、可用的、有吸引力的产品,最终获得有价值的产品。

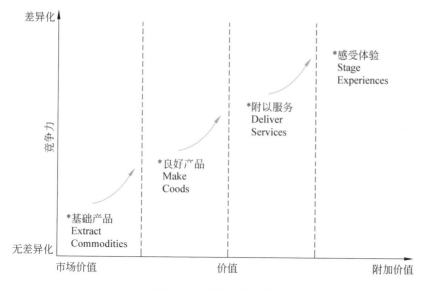

图 3-3　商业价值的演进

(图片来源:《Strategy & Leadership》)

■ 3.1.4　用户体验的分类和设计目标

　　对体验的研究涉及哲学、心理学、美学、经济学等领域。由于不同专业领域所关注的重点不同,所以国内外对体验的定义以及分类都有所差别。

　　在设计领域,人们更倾向于从心理学角度入手,强调体验个体的主观感受,这一感受直接来源于用户与外界接触的反应,主要包括认知、感知和动机 3 个状态。在 1999 年,Bernd H. Schirnitt 以心理学、个体顾客实践理论和顾客的社会行为作为研究基础,提出了"战略体验模块"①的概念,他把体验分为 5 种类型:感官体验、情感体验、思考体验、行动体验和关联体验。感官体验来源于人本身感官带来的五感:视觉、听觉、触觉、味觉和嗅觉带来的体验信息;情感体验着重强调顾客在使用服务或产品时内心的感觉和自我情感创造;思考体验是指在顾客与产品交互的过程中,顾客对产品的认知,对产品服务的体验,以及对产品性能的总体印象;行为体验是人体行为在比较大的时间跨度中,自身对行为方式和生活方式更广泛更深入的体验;关联体验是多种体验的综合产出,可包含感官体验、思考体验等不同体验的很多方面,例如,用户会根据在公司或学校等不同环境氛围中产生的不同体验的综合反应得出自己独特的个人感受和想法。

　　随着进入体验经济时代,用户的体验需求更偏重于对高层次信息需求的追求,它需要建立在浅层的需求被满足的基础上。B. Joseph Pine 和 James H. Gilmore 通过对人的积

---

① SCHMITT B H. 顾客体验管理[M]. 冯玲,邱礼新,译. 北京: 机械工业出版社,2005.

极参与度、消极参与度、吸引和浸入状态之间关系的研究并以此把体验分为 4 类：娱乐体验、审美体验、逃避现实体验和教育体验，如图 3-4 所示。

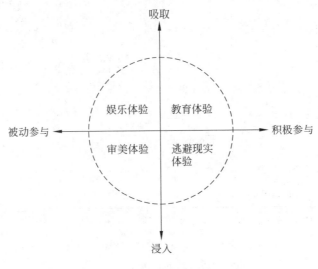

图 3-4　体验的分类

（图片来源：B. Joseph Pine & James H. Gilmore《体验经济》）

　　体验的分类会因研究对象的不同而有所区别，就如部分学者通过研究顾客体验的层次，把顾客体验分为 5 个层次：消极体验、无体验、低度体验、中度体验和高度体验。

　　对于用户体验的研究主要集中在以人机工程、交互设计为代表的设计研究领域。美国信息交互设计专家 Nathan Shedroff 对体验设计的定义是"将消费者的参与融入设计，使消费者在商业活动过程感到美好体验的过程"[1]。体验设计的核心是，关注用户的主观感性价值，通过生动的产品和贴心的服务给用户创造完善体验，营造美好的感受。

3.2　用户体验的要素

3.2.1　用户体验的五大要素

　　用户体验贯穿了整个设计与开发的过程。设计的每个环节都要考虑用户可能采取的动作及主观感受。体验设计师要充分了解和掌握用户在每个环节的期望值。图 3-5 所示为一个社交移动应用产品——Hi-card[2]，在经过用户测试后，设计师收集和提取了用户体验反馈的一些关键词，如图 3-6 所示。

　　在 Hi-card 产品的用户体验反馈中，用户提出的感想和要求烦杂且角度多样。不同

---

① SHEDROFF N. Experience Design [M]. [S. l.]: New Riders Publishing. 2001.

② 李存，郑卫东，张敬文，等. Hi-card. UPA 用户体验大赛获奖作品.

图 3-5　"Hi-card"：针对朋友圈联络的移动社交应用

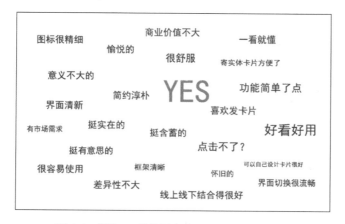

图 3-6　"Hi-card"的用户体验反馈的一些词汇

用户之间的理解和感受差异较大，图 3-6 中所示的"界面清新"和"喜欢发卡片"并不属于同一层面，对于"界面清新"更多的是 Hi-card 的整体布局、风格、色彩等感官设计给人们的印象，是属于产品的特性；而"喜欢发卡片"更多是用户从自身的偏好出发来理解产品能否吸引自己，更加抽象。因此，无论是产品经理还是用户体验设计师，理解和综合用户的期望和想法都是一项庞大的工作。为了更好地、有条理地理解用户体验，《用户体验要素——以用户为中心的产品设计》一书中把设计用户体验的工作分解成 5 个要素：表现（Surface）层、框架（Skeleton）层、结构（Structure）层、范围（Scope）层、战略（Strategy）层，如表 3-1 所示。

表 3-1　交互体验的五大要素

名称	图标	定义	设计范畴	例子（Hi-card 移动应用）
表现 (Surface)层		对产品框架层逻辑关系的感知设计，是内容、功能和美学汇集到一起的综合设计，满足用户的感官感受	视觉设计	Hi-card 的图标、整个应用界面的设计、色调、图标以及卡片图片等给用户的第一印象，例如清新的……
框架 (Skeleton)层		进一步确定、凝炼结构层的内容，确定产品详细的界面设计、导航和信息设计等内容	界面设计 导航设计 信息设计	Hi-card 应用按钮、控件、照片、图标、文本区域等的位置的规定，方便用户使用
结构 (Structure)层		对从范围层选取的碎片化内容和功能进行重构和组合，形成一个整体。其中主要涵盖交互设计和信息架构	交互设计 信息架构	Hi-card 的不同页面之间变化的流程设计，也就是对用户如何到达某个页面的一个流程的规划
范围 (Scope)层		明确产品的功能需求和内容需求，即企业应该为用户提供什么样的内容和功能才能满足用户需求和企业的产品目标	功能需求 内容需求	Hi-card 选择以卡片的方式，提供线上线下多种联系渠道、备忘录来提供朋友间的联系欲望和渠道
战略 (Strategy)层		从企业的角度考虑产品目标，即企业能从产品得到什么。从用户的角度考虑用户需求，即用户想通过产品得到什么	用户需求 产品目标	用户能通过 Hi-card 的贴心提醒来激发与朋友间沟通和交流的欲望

■ 3.2.2　五大要素的定义和关系

用户体验的五大要素组成了一个从表到里的用户体验基本架构。在这个架构上，用户体验设计师能清晰地理解和讨论不同层面的用户体验问题，进而从不同层次分析用户的体验和解决他们遇到的问题。

从五大要素的定义可以看出，要素之间的关系并非独立，而是相互影响、相互制约的关系，从抽象到具体，如图 3-7 所示。

另外，五大要素的关系又是层层限制的，每一个层次都根据它后面的层面来决定，从抽象到具体。表现层表达的内容由框架层决定，框架层则建立在结构层的基础上，所以在最抽象的层面（战略层），设计师不用去考虑如何表达内容，产品的界面风格是怎么样，他们只关心产品如何满足产品目标和用户的需求，随着层面的逐步转移，产品的理念就一步一步地具体化，所涉及的细节也越来越精细，在最具体的层面（表现层），设计师必须运用

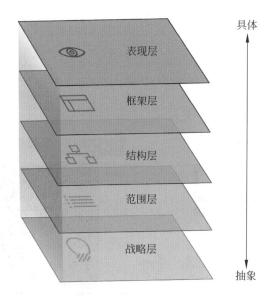

图 3-7 五大要素层层相扣的关系

(图片来源：根据《用户体验五要素》的模型重绘)

美学、用户体验等知识把应用的内容和功能细致化和具体化，以符合用户的感官感受。

由此可见，设计师与用户对一个产品（或应用）的理解是相反的，用户是被表现层的感官设计所吸引，然后一步一步地加深对产品理念的理解，进而评价它是否能满足自己的需求。

用户体验五大要素的限制关系不是单向的"连锁反应"，后面相对抽象层次的内容是促成相对具体层次决策的重要依据。但是另一方面，在每个层面的设计和评估上，设计师都会根据竞品分析、市场潮流、业界的实践成果等其他因素进行分析和鉴定。在大多数的情况下，上一级具体层面中的缺陷或者错误都有可能削弱更低抽象层面的正确决策。一个网站在视觉设计上出现问题，例如整体设计风格混乱、内容排列繁杂、色彩设计不协调等，都会让用户因厌烦而选择离开，从而无法让用户意识到设计师在导航或交互设计上做了很多选择和努力，更别说去感受和理解设计师在探究用户需求时的良苦用心。

同理，如果相对具体层面上做出的所谓"正确决策"是建立在低一级抽象层面错误决定的基础上的，那么这些所谓的"正确决策"是没有任何价值的。目前很多网站虽然界面、布局等都很赏心悦目，但依然上不了市，或者上市不久也宣告失败或破产。原因之一就在于它们虽然很漂亮，但没有实用价值。如果设计师因过于关注视觉等感官的设计，而忽略或排除了其他的用户体验要素，就会使网站仅仅成为艺术品，而不是满足企业的战略目标和用户需求的实用性工具。

在 Hi-card 的结构层采取的通过各种分享途径形成信息架构方式的主要根据，是来自范围层选取了"以卡片寄送"作为内容需求。如何"编辑个性卡片"是设计师需要关注的任务，如何完成这个任务是重要的设计环节。

当完成了 Hi-card 框架的初步决策后,在设计的过程也会参考一些类似的移动应用对交互方式进行分析,卡片内容的编辑跟人们日常的编辑图片方式相结合,如图 3-8 所示。设计过程中也会分析相似产品的设计风格,甚至对市场上其他优秀产品的设计潮流,最终选择最佳的设计手段,而这有时会影响到其他层面的决定。

所以说明层面与层面之间产生的连锁反应也应该是双向的。

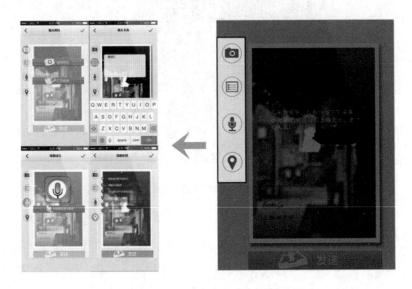

图 3-8　Hi-card 卡片界面的编辑方式设计

把用户体验划分为几个部分和层面的模式,有利于设计师考虑和分析用户在体验中遇到的麻烦和需求。但其实在实际生活中,这些要素之间的界限并不是非常精确的。设计师有时很难鉴定用户所说的问题是属于哪一个层面的范畴,最常见的用户问题就是"这个应用很费解",是表现层面很难达成共识,还是在导航设计上进入误区? 或者用户的这个问题只是针对应用本身的内容。

层面的决策在整个项目完成前并不是静止和孤立的。虽然战略层在项目开始时就已经确定了,但是随着项目的进行,会根据用户认知习惯、市场的变化等因素进行微调;无论项目处于哪个阶段,设计师都必须要同时考虑 5 个层面的全部因素,虽然有专门的部门和事先规划好的工作流程,确定在特定阶段研究和设计哪一个层面也很关键,但是更重要的是要保证所有的用户体验要素都要被关注到;总之,在项目没有结束之前,所有的层面都处于一种相对稳定的动态环境中。

■ 3.2.3　用户体验的其他因素

在一个项目开始时,企业和设计师都知道设计任何应用和产品的目的都是为了满足用户的需求,所以一个产品或应用所传达的"主题"(即内容)才是用户最需要的东西,认为有价值的内容。一个普通的网民更多关注的是跟自己生活相关的网站,一般不会访问生物、医药技术类等专业知识要求很高、理论性很强的网站;用户也不会仅仅为了欣赏界面或者体验导航的乐趣而经常去访问一个跟需求无关的网站。在安装应用时,用户都会带着自己的目的按照需求进行搜索,然后再在同一类型的产品中根据自己的感受进行筛选。可见,应用的"主题"对用户体验产生的影响是无可替代的。

其次,技术也像产品的主题一样,对于建立成功的用户体验十分重要。在众多案例中,电子产品、电子设备的发展最为明显。手机、平板计算机等产品得到普及,最关键的因素是产品技术含量的降低提升了产品的易用性。在对微波炉、洗衣机等都以人为中心的家电产品进行设计时,提高用户的满意度,加大用户体验的强度,从智能产品向聪明产品发展更是一个无可替代的市场潮流和发展趋势。技术创新是企业的发展动力和支点,但是创新的目的应该是提升用户体验,更好地为用户服务。可以预见,不断提升用户体验,关怀用户的感受,一定是未来产品的发展方向。对于企业来说,要在市场竞争中占据有利地位,就要必须坚持通过推动技术、产品和服务创新,从提升产品的易用性,降低用户与技术之间的陌生感,不断提升体验质量,满足消费者的需求这几方面挖掘创造力。只有注重用户体验,不断完善自身配置,才能在竞争激烈的市场中站稳脚跟。

虽然影响用户体验的因素很多,不只是体验的内容、技术含量,用户当时的心态、自身的技能水平等方面都会形成用户体验的综合因素。但是用户体验的基本要素一般是不变的,它们之间的相互影响值得设计师去研究和挖掘。

■ 3.3　心流理论概述

■ 3.3.1　理解忘我的巅峰体验

有的人对自己工作的时间和注入的精力斤斤计较,但是到了休闲的时候,却愿意花费大量的时间玩网络游戏等活动。

例如,在上数学课的时候,一部分学生会睡觉,无奈地计算着时间,无聊地等待下课,等等;而另外一些学生却很认真,表现积极,所有的意识都沉浸在一种忘我的探索体验中,似乎时间感发生了改变,上课时间变得很短,即使下课了还在继续讨论……

马斯洛曾经调查了一批成功人士,发现他们在讲述生命经历中都有相类似的体验,即感受到一种发自心灵深处的欣喜若狂、满足、超然的情绪体验,转瞬即逝的极度强烈的幸福感。马斯洛把这种感受称之为"巅峰体验"。

用户体验很多时候涉及用户的情感、意识等感性因子,存在很大程度的主观性和情绪化,所以很难用严谨的科学方法进行定量收集资料,因此对于定性分析也比较有难度。对此,很多用户体验设计师采用心理学中的理论和观点进行分析,积极心理学中的"心流体验"理论能很好地阐述用户体验的一些重要观点,能完善用户体验的理论体系,从而也能提升其实际应用。

■ 3.3.2 心流理论的缘由和定义

心流理论是从心理学科发展出来的一个重要理论。心流理论发展过程的简要框架如图 3-9 所示。通过对框架图中一些固有名词或理论的含义进行阐述和解析,有利于人们对心流理论来源有更清晰的思考线路,自然也能较好地理解心流理论表达的含义。

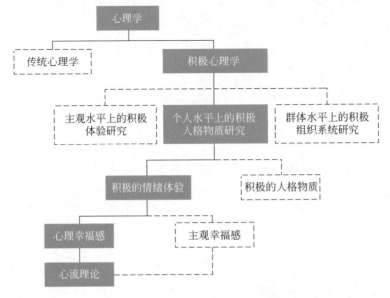

图 3-9　心流理论的发展框架图

从图 3-9 中可以看出,心理学分成传统心理学和积极心理学两个大的分支。传统心理学是大众所广为认知的医学上推崇很久的学科,现代的很多心理学家和心理医生主要是在这一领域上获得成就,它和积极心理学有着什么样的不同呢?简单来说,传统心理学和积极心理学一个重大的区别就是研究的切入点不同,传统心理学的研究中心是从负向、病理的角度来了解心理的问题,传统心理学也被称为病理心理学或消极心理学;而积极心理学的研究重点是放在人性的积极特性,关注人类的生存和发展,强调人的价值,是建立在人本主义的基础上的,探索人类的美德、爱、宽恕、感觉、乐观等相对感性的积极特性。

就目前的研究来看,积极心理学研究的范围主要包括主观水平上的积极体验研究,个人水平上的积极人格特质研究,以及群体水平上的积极组织系统研究。而个人水平上的积极人格特质研究主要涉及积极的情绪体验和积极的人格特质两个领域。

主观幸福感和心理幸福感是积极的情绪体验研究中的两个重要方向。主观幸福感是从快乐演化而来的,是对生活满意度产生的一种积极心理体验,与一个人的社会环境、家庭环境、教育等方面相关,是对过去、当下和将来的一种考究。心理幸福感是从实现论演化过来的,是指一个人充分地实现了心理潜能而产生积极和有意义的情感体验,是对过去、当下和将来的一种积极乐观、流畅和弹性的心理。相比较于主观幸福感它不只是情感上的体验,而更应该关注个人潜能的实现。而心流体验则是幸福感中的一种特殊状态,获得最佳心流体验时,个人处于忘我的境界,心情愉悦而获得最大的快乐感,是幸福生活中的美好体验。

奇客森米哈里(Csikszentmihalyi)提出的"心流理论"的重点就是对积极情绪的研究,心流是指人们从事具有挑战性和技能要求相平衡的任何活动时,产生的一种积极的心理体验,是一种忘我的沉浸体验状态。奇客森米哈里于 20 世纪 60 年代在观察艺术家、棋手、作曲家时,发现这些人在从事工作时都能全神贯注到忘我的境界,经常忽略了时间以及周围发生的一切,而这些现象的特点跟马斯洛的"巅峰体验"理论体系所表达的观点具有一定程度的重合。

因此,奇客森米哈里对心流体验的定义是,"当人们完全被活动吸引时,会嵌入一种共同的经验模式。这种模式以意识的狭窄聚焦为特征,并丧失自我意识,只对清晰的目标和具体的反馈有反应,因此不相关的知觉和想法都被过滤掉了。"[①]人们处在心流体验中,会觉得认知高效、得心应手、无比兴奋和充实。心流体验强烈地影响着人们的幸福感,并且有助于愉快情绪、生活满意、找到自我等的积极情绪出现。

■ 3.3.3 心流理论模型的发展

在心流理论中,挑战和技能是产生心流的两个重要的因素。挑战感是指在某个交互行为或环节,用户自身的内在动机或目标对用户产生的克服挑战的难易系数的感知。而技能指的是在进行交互行为过程中,用户本身所拥有的技能水平,简单来说就是完成某事的能力。

当人们从事一件富有挑战性的工作或者活动时,若当事人已经具备了一定的技能,在尝试时就会有心流体验的产生。所以研究者认为挑战系数和一定强度的技能水平处于相对平衡的状态,是产生心流的基础,而这个强度必须是当事人的综合技能的平均水平,如图 3-10 所示。

例如,无论是游戏达人还是入门者都能很快沉迷在网络游戏中,这种现象发生的原因用图 3-10 中表达的挑战强度和技能平衡的原理进行解释就很简单,虽然是同样的游戏,但是对于程度不同的用户,会根据用户的能力设定不同的挑战强度:对于入门者,挑战系数很低,甚至在一开始设有各种说明(例如 tips 等)来帮助初级用户掌握技能;而对于技能很强的游戏达人,也许会设置各种游戏机制、游戏关卡等增加游戏的难度,提高挑战力度,从而激发用户的斗志。

---

① 邓鹏. 心流:体验生命的潜能和乐趣[J]. 远程教育杂志,2006(3).

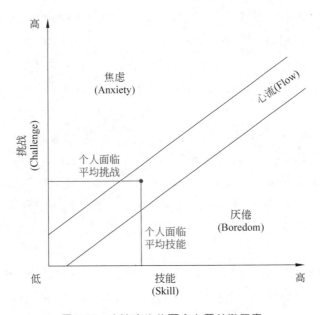

图 3-10 心流产生的两个主要关键因素

(图片来源：Csikszentmihalyi：《当下的幸福 我们并非不快乐》)

　　无论是在游戏还是在其他活动中，用户的技能会随着经验的积累而逐步提高。初级用户不会永远是入门者。当用户的技能上升，而活动的挑战难度没有同步上升时，用户的体验则会从满意转化为无聊甚至厌烦。游戏达人对游戏的入门帮助说明永远不屑一顾，相反，当活动的挑战难度上升快过用户技能的上升时，用户的体验则会迅速转化为焦虑，就像很多过关游戏，在一开始入门者凭着自己的学习和经验的积累能够完成游戏的挑战，但是随着游戏关卡难度的上升，挑战系数加大，很多用户的技能不能完成任务，到最后只能望而却步直至放弃，如图 3-11 所示。所以只有在活动挑战难度上升的速度跟用户技能上升的速度相平衡时，才能让用户再次感受到心流。图 3-11 也说明，用户的心流体验不是一成不变的，在技能和挑战相对平衡的状态时，有一定的幅度变化，也说明了心流是一种让个体成长奋发的积极力量，驱使个体去追求更复杂、更高挑战性的目标，是一种向上的驱动力。

　　图 3-12 所示的是马西米尼(Massi mini)等人根据大量的第一手资料，对"挑战"和"技能"高低进行了全面的分析和梳理后得到的 8 种关系，并因此划分出了 8 个区。

　　(1) 心流。当处于高挑战、高技能状态时，即当用户感知到交互行为的高挑战性且具备了相应高水平的技能，并且两者能达到相对平衡时，就能产生心流体验。

　　(2) 掌控。当处于中等挑战、高技能状态时，心态就像是具有高水平的驾驶技能的司机，在平时开车过程中，遇到的挑战性不强，因此只能处于掌控状态；但是在赛车比赛时，处于高挑战、高技能状态，就会产生心流体验。

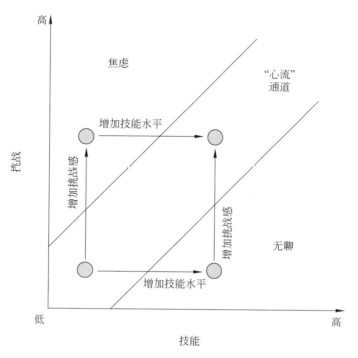

图 3-11　挑战与技能对用户状态的影响

（图片来源：Csikszentmihalyi：《当下的幸福 我们并非不快乐》）

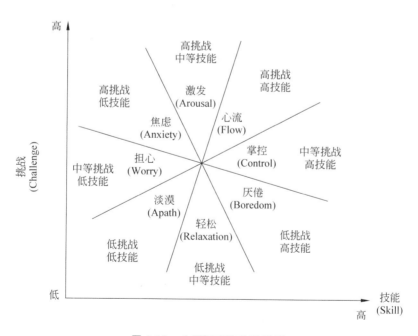

图 3-12　八区间心流体验模型

（图片来源：Csikszentmihalyi：《当下的幸福 我们并非不快乐》）

（3）厌倦。当处于低挑战、高技能状态时,心态就像让一个游戏达人经常去给初学者讲述游戏的入门规则,周而复始,他们会因为觉得完全没有"技术含量"而厌烦。

（4）轻松。当处于低挑战、中等技能的状态时,心态会觉得轻松。例如在吃饭、看书、赏花等休闲活动时,都属于这个范畴。

（5）淡漠。当处于低挑战、低技能状态时,即当交互行为的挑战性低且用户的技能水平也低的时候,如果这种状态持续太久而没有转化为其他的体验,会让用户感到冷漠。例如,在开始学英语的时候,老师要求的水平很低,且与学生的水平相当,此时学生会兴奋和认真学习。但是经过一段时间之后,假如这种状态没有任何变化,就会让学生失去兴趣和耐心,这也是为什么很多学生觉得自己从一开始就跟英语绝缘的一个重要原因。

（6）担心。当处于中等挑战、低技能状态时,心态就像一个五音不全的人即使是唱很简单的歌曲,也会担心自己表现拙劣。

（7）焦虑。当处于高挑战、低技能状态时,心态就像是面对类似哲学这样深奥的学科考试,要求学者要有很强的理解和领悟能力,大部分学生只能通过死记硬背来强迫自己记住一些哲学表面定义和基本概念,所以无论在考试前还是考试结束后,内心都很焦虑。

（8）激发。当处于高挑战、中等技能状态时,心态就像在体育比赛中,经常会听到遇强则强,超常发挥这样的案例。运动员本身就具备相当的体育技能,再加上比赛求胜的信念,所以即使遇到强硬的对手,也能将压力转变为动力,激发出斗志。

■ 3.3.4 产生心流体验状态的特征

虽然心流理论通过揭示"挑战"和"技能"的关系为心流体验的产生创建了有力的模型架构,但是通过对文献资料的整合和研究,具有一定强度的挑战和技能的平衡不是产生心流体验的唯一因素,目标明确、反馈及时、精力集中等因素在影响人产生积极体验情绪时也是十分重要的。

通过对影响心流产生的不同因素的整理、归纳和总结,奇客森米哈里和澳大利亚学者杰克逊(Jackson)阐述了产生心流体验的九大特征,并归纳为 3 个不同阶段的因素,如表 3-2 所示。

表 3-2 心流在 3 个阶段的九大特征

阶段	事前阶段（条件因素）	经验阶段（过程因素）	效果阶段（结果因素）
特征	（1）明晰的目标 （2）应对挑战的技巧 （3）明确和及时的反馈	（4）行为意识融为一体 （5）注意力高度集中 （6）自主掌控的感觉	（7）自我意识的散失 （8）时间感的扭曲 （9）体验本身变得具有目的性
说明	前两个特征是用户本身的条件,第（3）个特征是交互满意的客观因素	个体处于心流体验时的感觉	个体心流体验的结果

　　从表 3-2 中可以分析出,心流体验产生的 9 个特征可以归纳为条件因素、过程因素和结果因素,这 3 个因素又分别处于心流产生的不同阶段,这 3 个阶段不是并列关系而是递进的,事前阶段的条件因素的成功与否直接关系到能否进入经验阶段,在经验阶段中,用户的状态能否达到(4)、(5)、(6)这 3 个特征,是用户能否最终进入心流体验状态的关键。通过以上的分析,便可以搭建出心流产生的模型,如图 3-13 所示。心流产生的模型能成为其他方面心流产生模型建构的基础,例如后文网络心流体验产生模型就是在心流产生的模型基础上建构出来的。

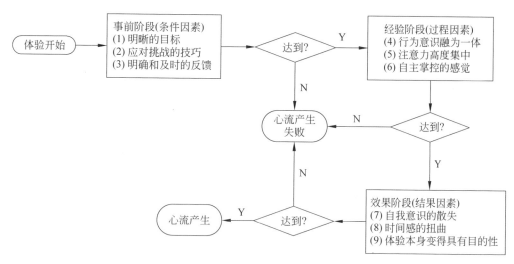

图 3-13　心流产生的模型

■ 3.4　用户体验与心流理论

■ 3.4.1　心流与用户体验

　　心流体验是从用户的角度出发,对用户在进行交互行为时产生的积极情绪进行分析,是最佳体验的表现。而在现阶段的用户体验目标中,交互行为要达到的目标还只是处于让用户满意、激发用户的积极情感阶段,而心流体验则强调用户在使用产品时能够达到沉浸、忘我的状态,不计任何消耗,并能从中获得最大的愉悦感,所以可以理解为心流体验是交互行为中用户体验的高级阶段。为了更好地理解心流与用户体验的关系,这里选择了网络产品作为案例进行阐述。

　　体验遍布于生活的各个角落,研究用户体验对于所有的产品、服务、交互行为等来说,都是不可缺少的,尤其对于网络产品,一个以内容为主的网站产品和交互行为为主的虚拟应用,用户体验的价值更是举足轻重的。

　　网络产品通过无形的服务,海量的信息和良好的交互行为来吸引用户,没有实体材料的限制、没有真实结构的束缚,更加注重用户的主观感受。网络产品的每一个细节都可能成为人们情感激发的原点,人们对网络产品的利用和消费更多的是情感体验的过程。例如,人们通过网络购买服装,通过网络平台,寻找符合自己品位、能激发自己购买欲的服装,有时候即使没买东西,人们也乐意在购物网站搜索、收藏自己喜欢的产品,甚至会与亲朋好友分享自己的购买心得和愿望。所以相对于其他形式的产品,用户体验的满意与否对网站的成功与否更为重要。一次不好的用户体验会让用户在 3 秒内退出,并且以后不再访问。可以看出,用户体验是网站建构的基本要求,因此,一般来说,成功的网站都是用户体验良好的,很多用户体验相关的知识都是从成功的网站习得的。

1996 年,Hoffman 和 Novak 通过研究用户上网时的心流体验,创造出专门针对网络用户的心流体验模型,如图 3-14 所示。研究者把所有影响心流体验的因素通过整合和梳理,捋清了各个因素之间的相互关系,这也是更深层次挖掘和解剖两者关系的模型基础。

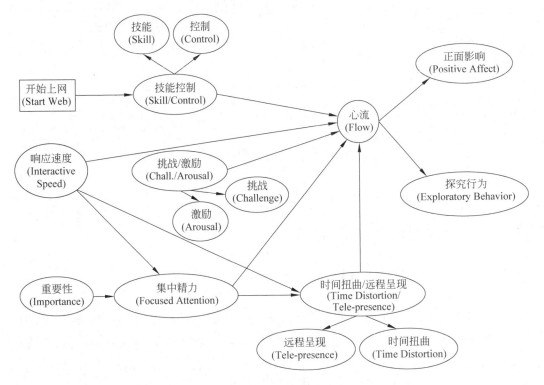

图 3-14 网络用户心流体验模型

(图片来源:Hoffman&Novak(1996)在线消费者的心流体验概念模型)

如图 3-14 所示,虽然依据心流理论模拟出了网站用户心流体验的模型,但是由于它是一个结论性的图表阐述,初学者很难从不同的层次清晰地理解心流理论与用户体验的关系。根据前文所述,用户在交互行为过程中的最佳体验是心流,那么产生心流体验 3 个阶段的 9 个特征模型可以为有良好用户体验的产品(自然包括网站)建立体验模型,从而为后期的设计起到指导的作用。如图 3-15 所示的是以心流不同阶段的模型对网站产生心流不同阶段的映射关系。下面，将从每个阶段对心流和用户体验的关系进行详细的分析、归纳和总结。

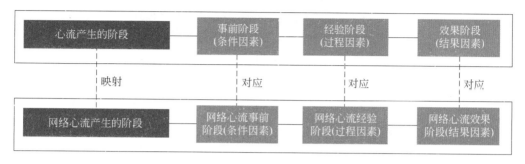

图 3-15　心流产生阶段与网络心流产生阶段的映射关系

■ 3.4.2　网络心流产生的事前阶段

心流产生的事前阶段包括了 3 个条件因素：明晰的目标、应对挑战的技巧、明确且及时的反馈。这 3 个因素涉及了用户个体条件和产品本身具备的交互要求两个方面，从网络角度讲，就是涉及用户维度和网站维度。通过对以上条件因素的分析，可以得出明确和及时的反馈。具备一定难度的挑战性内容是属于网站设计和构建的范畴，而明晰的目标以及应对挑战的技巧是属于用户维度的领域。

1. 网络心流产生与网络维度

对于一个网站来说，能否拥有良好的用户体验是决定该网站能否成功的关键。每个用户登录到网站都有各自的目的。从前文中知道，网站的内容能否符合用户的需求是用户访问的一个前提条件，是网络用户体验实用性的关键所在。网站拥有了舒适的界面，布局合理的内容板块，恰当的交互设计，才会使用户在访问过程中产生最佳用户体验。

当用户进入网站时，出现在他们眼前的并不是网站的主题或功能，而是网页的界面，界面是用户与网站发生交互行为最直接的层面，用户在感知设计层面（用户体验要素中的表现层）的体验是对网站的第一印象。界面的好坏对网站的整体质量起着非常重要的作用。色彩搭配协调、界面整体风格统一、内容板块布局合理、界面美观简洁的网站自然会形成用户良好的感官体验，网站用户体验的表现形式大体上可以分为五大类：感官体验、交互体验、情感体验、浏览体验和信任体验[1]，如图 3-16 所示。好的网站界面给予访问者优美的感觉，提高注意力，激发兴趣，提高搜索效率等，从而产生继续访问的欲望。感官体验逐渐升华为情感体验，是产生心流的一个重要环节。相反，失败的界面设计会让用户产

---

① 林华.计算机图形艺术设计学 [M] .北京：清华大学出版社，2005.

生烦躁、困惑等负面情绪，从而形成排斥心理。对于网络系统来说，界面设计成功与否的标准是最终用户的感受，所以界面设计要和用户研究紧密结合，要站在用户的角度去理解审美习惯和思维方式，设计出满意的视觉效果。

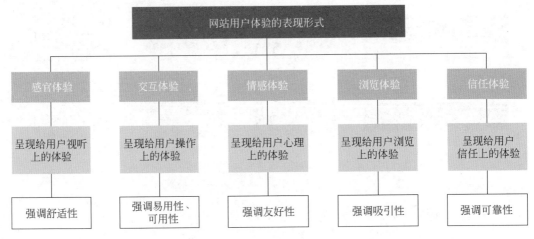

图 3-16　网站五大用户体验分类

网站的视觉设计是给用户提供第一印象的感官体验。网站要形成最佳的心流体验，交互体验能否让用户感觉满意也是至关重要的。在产生心流的事前阶段中，目标定位要准确、清晰，信息反馈要及时。对应的网络体验设计原则如下。

（1）精准的目标定位，提供故事化场景。清晰的网络导航，提供经过优化的信息和信息反馈；给客户提供更多的选择；实现目标步骤化。

（2）加强交互过程中的可用性和易用性。对用户在使用过程中涉及的每个交互细节都要力求做到可用、易用。

要从用户的角度出发，这是因为浏览者的目的性很强，他们希望自己需要的内容能够被直接地、不用思考地、清晰明了地找到，而不是被"藏"在网站中。提供情景化场景能让用户在交互过程中渲染一定的故事情节和氛围，提高用户的参与力度和兴致。

另外，一个优良的网站不仅内容的信息量要经过整合和简化，能让用户一目了然。而且网络的结构也需要进行简单化、直接化的设计处理。要让用户能够简单快捷地进行网站操作，以简单易懂的方式获取内容。导航作为网站结构的核心，始终贯穿整个网站的每一个页面。清晰、简明的导航设计，能让用户非常清晰地知道其所处的网站位置和浏览过的内容，避免出现"信息迷航"，提高交互行为的效率。在交互过程中，及时的反馈是用户能够与网络沟通顺畅的关键。让用户及时知道该做什么和怎么做，并通过引导和恰当的反馈提示，使之了解任务的完成程度是十分必要的。

给用户提供选择权其实就是在操作过程中提供更多的功能给用户，让用户尽可能地根据自己的思维和习惯来参与网络交互行为，让操作过程更具有人性化和智能化，从而提升用户对界面的控制权,有利于用户的心流体验产生。实现任务目标的步骤化是指让用户在实现自己目标的过程中分出明确的步骤,通过逐步实现各个小目标,让其感觉对整个过程的可控性更强。

　　综上所述,在网络维度上,网络心流体验产生的事前阶段与网站用户体验原则的关系如图 3-17 所示。

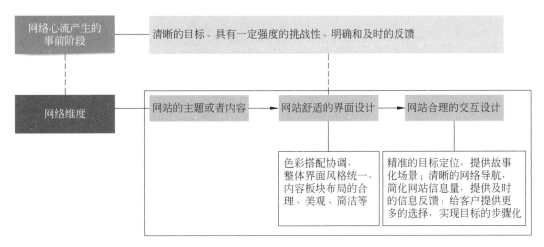

图 3-17　在网络维度上,网络心流体验产生事前阶段与网络用户体验原则的关系

2. 网络心流产生与用户维度

　　从前面的分析可知,用户在进入网站时,会有清晰的目标和任务,所以即使在用户维度上,用户也具备网络心流产生的条件因素——明确的目标。

　　用户是网站的使用者,积极的用户体验可以使用户增加亲切感和舒适感,也可以使用户在使用的过程中更加轻松自如、高效率地完成任务。但是在网站的设计和创建过程中,如何同时满足不同技能水平用户的需求是亟待解决的难题之一。在《交互设计精髓》一书中,Alan Cooper 通过用户对产品使用的熟练程度或者控制能力,由低到高把用户划分为3 个等级:新手用户、中间用户和专家用户。①

　　大部分新手用户在开始使用一个网站时,会在了解和学习网站的界面、架构等方面花费很多的精力,有时候还会因为很难适应而产生挫败感和失望;而专家用户则会由于网站功能不完善,内容不充分等满足不了需求而感到沮丧。网站的设计似乎很难找到一个平衡点来满足新手用户、中间用户和专家用户的需求。根据心理理论的研究分析,用户能否产生心流体验不在于用户与产品的单方面因素,而是取决于技能和挑战能否平衡。无论技能或挑战水平的高低,只要达到一定的平衡,就能产生心流,这也是心流通道形成的原

---

① COOPER A,REINMAINN R. 软件交互革命——交互设计精髓[M].詹剑锋,张知非,译. 北京: 电子工业出版社,2005:67-77.

因，如图 3-18 所示。而对于网站来说，平衡的重点在于网站所具有挑战强度能与用户的技能水平相统一。

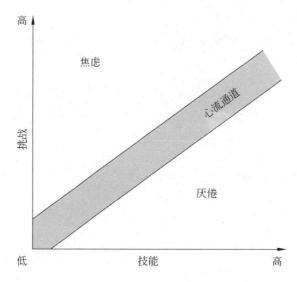

图 3-18　心流理论三通道模型

（图片来源：Csikszentmi halyi：《当下的幸福 我们并非不快乐》 再绘）

　　因此，网站设计要考虑不同用户的技能，为不同的体验水平设计。对于新手用户，应该提供较少的挑战，甚至在必要时提供暗示和帮助，例如很多应用软件在第一次使用时都会有引导页指示说明。对待专家用户，应该提供与他们技能水平相当或略高的挑战，专家用户喜欢探索，对高难度的挑战更感兴趣。而中间用户是网站设计中最主要的用户人群，大多数用户既非新手，也不是专家，①如图 3-19 所示。

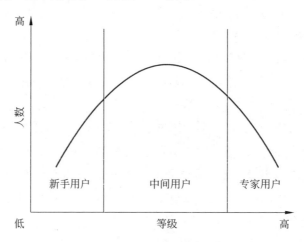

图 3-19　用户等级层次人数分布图

（图片来源：Alan Cooper《交互设计精髓》）

---

①　COOPER A. 交互设计精髓［M］. 刘松涛，等译. 北京：电子工业出版社，2012.

　　新手用户、中间用户和专家用户的人数分布遵循着经典的正态分布统计曲线,处在曲线中间的正是中间用户,随着时间的推移和用户技能与网站挑战系数的改变,新手不会永远是新手,专家也很难一直维持高水平,总的来说,新手用户和专家用户都会倾向于向中间用户转化。所以在很多情况下,网站设计的大部分工作基点应该建立在中间用户的中等技能上,让中间用户在交互过程中感到愉快。与此同时,也应提供相应的机制,满足少量的新手用户和专家用户的需求。用户等级与功能相匹配,技能与挑战相平衡是网络心流体验设计的一个重要原则。根据用户等级的技能差异构架出网络心流产生的模型如图 3-20 所示。

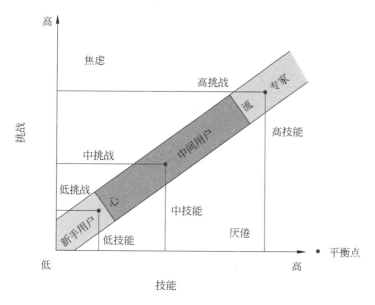

图 3-20　等级用户的心流体验设计条件模型

(图片来源：Csikszentmihalyi:《当下的幸福 我们并非不快乐》 再绘)

　　综上所述,在用户维度上,网络心流体验产生事前阶段与网站用户体验原则的关系如图 3-21 所示。

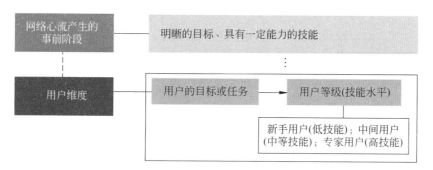

图 3-21　在用户维度上,网络心流体验产生事前阶段与网络用户体验原则的关系

综合、归纳和整理网络维度上的网络心流体验产生的条件以及用户维度上的结论,能得出在两个维度上网络心流体验产生的事前阶段与用户体验原则的关系,如图 3-22 所示。

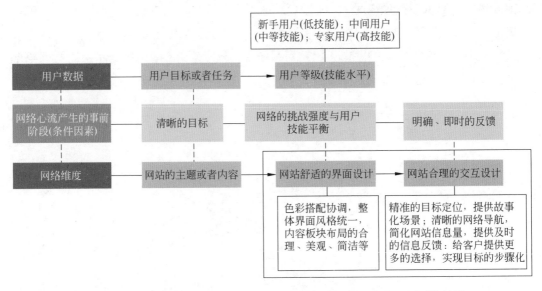

图 3-22 在用户维度上,网络心流体验产生事前阶段与用户体验原则的关系

3.4.3 网络心流产生的经验阶段

从心流产生的模型图中可以看出,心流体验在满足第一阶段的条件时,会进入第二阶段。用户如果是在经验阶段,也就是在体验过程中能达到行为意识融为一体,注意力高度集中,自主掌控的感觉,就自然达到最佳体验。图 3-23 所示的网络设计过程能够满足网络心流体验阶段的用户体验原则。

在网络维度上,网络心流体验产生阶段与用户体验原则的关系如下:应有舒适的界面设计,即色彩搭配要协调、风格迥异、内容板块布局合理等;应有合理的交互设计,即有明确的目标定位,能及时反馈,以及给客户提供更多选择等,从而在用户与网络互动时,能感知到挑战和技能的平衡;应该有人性化和智能化设计,使用户在体验过程中有知觉愉悦、知觉专注和知觉控制的积极情绪产生。虽然用户进入网站是理性的,但是在浏览网页或者寻找目标的过程中,他们的认知是感性的,他们会因为网站首页的风格、元素甚至局部细节(如按钮等)而进行再选择。优美、舒适的界面设计能给用户最佳的感官体验,提升用户对愉悦的感知度,使他们对网站萌发好感和产生信赖,从而引导用户进一步浏览网页的其他内容;如果网页的内容架构清晰,导航简洁明了,系统运转效率高,能及时、明确地反馈,不仅能让用户快速地找到自己需要的内容,而且会激发用户的兴趣和猎奇心理,促使他们去了解网站更多的服务和功能。良好的互动能让用户有自我控制的满足感,进入专注、沉浸的状态,从而忽略其他事件。当处于这种状态时,说明用户已经处于体验的最高潮,这也是最佳状态。因此知觉愉悦、知觉专注、知觉控制这 3 种状态正是心流体验在网络应用中用户体验的特征。

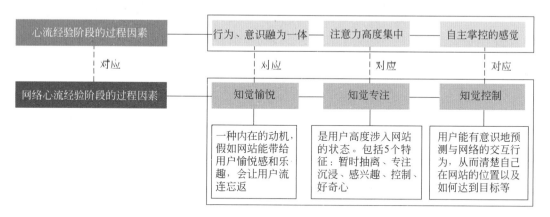

图 3-23　网络心流经验阶段的过程因素

也许网站的用户体验不能直接带来新的用户,毕竟用户访问一个网站会受很多因素的影响(如口碑、市场推销手段等),但是用户体验能极大地影响访问者再次访问的几率。

3.4.4　网络心流产生的效果阶段

一个网站是否受欢迎,在很大程度上反映了这个网站的用户黏度,也就是对客户的吸引力。所以,网站成功与否很大程度来自于用户的反应和认同程度,而这些就归根于网站的用户黏度。网站的用户黏度是衡量用户对网站的重复使用度、忠诚度和依赖度的重要指标,包括用户对网站的使用频率、网页停留时间,访问页面的数量等参数。用户在网站停留的时间越长,说明网站的用户黏度越高。用户在网站访问的页面数越多,访问的深度越深,说明体验度越高。

注重用户体验,吸引和留住客户是做网站的目的。心流体验能让用户在使用网站的过程中感到愉悦和有趣味,触动用户的情感,会让用户不由自主地延长在网站的浏览时间,这就是心流体验中时间感扭曲特征的体现。

网站能够影响用户二次访问几率和后期的使用频率。用户对网站足够信任才会再次点击进入,重复地访问网站的内容,所以网络的心流体验不仅能让用户觉得体验本身变得具有目的性,而且也提高了用户对网站的信任度。用户对网站的信任度是一个网站能否长期发展的重要因素。

人们应该都有过这样的经历,如果身边的朋友跟你分享某个产品的体验感受,会觉得更容易接受,也会对这个产品有比较好的印象。或者熟悉的朋友通过短信或者其他社交软件发来一个网址或链接,一般会愿意打开而不会有很强的戒心,然而对于陌生人发的网址就望而却步了,似乎亲朋好友给你传播的信息,往往更容易被信任和接受。线下产品评价如此,线上网站推广更是如此。当一个用户在某个网站的使用中获得了最佳体验,不仅自己会再次访问,而且也愿意与自己周围的朋友推荐和分享自己的心得,心甘情愿地充当网站的"免费宣传者",从而扩充了网站的影响力和单击量。而通过这种方式的传播,相对于其他宣传的方式,更加能获得新手用户的信任。

通过以上分析,以心流因素模型为指导,进行归纳总结,可以获得网络心流产生结果因素的对应关系,如图 3-24 所示。

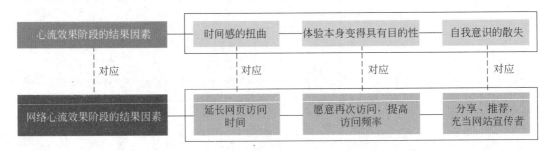

图 3-24　网络心流效果阶段的结果因素

■ 3.4.5　网络心流产生的效果模型

综上所述,在网络信息传播的互动过程中,当目标用户的需求与网站内容相符合时,只要用户在使用网站的过程中感到的挑战强度与自身的技能水平相平衡,以及网络互动的结构性特征(例如明确及时的反馈、清晰明了的导航等),则将产生网络心流。而知觉愉悦、知觉专注和知觉控制是用户与网络互动过程中达到最佳体验的 3 个特征。这些感性的特征必会激励用户进一步探索,提升网站的用户黏度,具体表现在延长网页访问时间、再次访问意愿及提高网站使用频率、推荐、分享,充当网站的宣传者等。

以图 3-13 所示的心流产生的模型作为参考,以图 3-14 所示的网络用户心流体验模型作为基础,结合本章对网络互动过程中心流产生的各个阶段的阐述和归纳,构建出网络心流产生的因果模型,如图 3-25 所示。它为评价或创建一个网络成熟与否提供新的思维和方法,同时,也丰富了网络用户体验的理论体系。

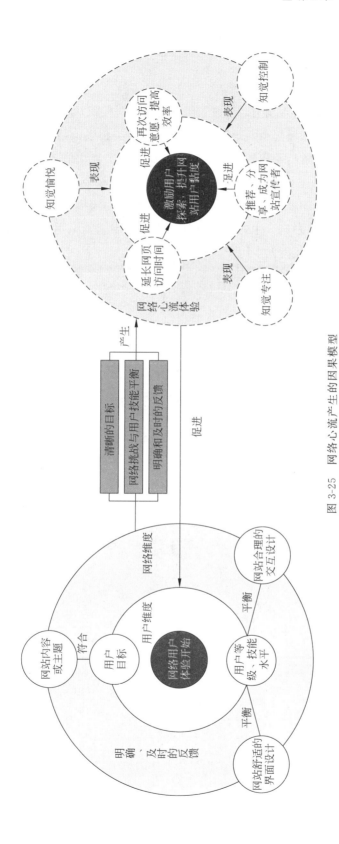

图 3-25 网络心流产生的因果模型

■ 3.5　本章小结

　　本章理论结合实际,深入浅出地阐述了用户体验相关知识,用日常生活中常见的例子逐步导出用户体验的内涵与作用,总结了用户体验的分类和设计目标,并以 Hi-card 移动应用设计作为案例逐步解析用户体验五要素的含义以及彼此之间的逻辑联系,便于阅读和理解。用户体验的最佳状态是由心流的产生,本章通过阐述心流的来源、定义、心流模型的发展以及心流特征的表现,全面解析心流理论,并把心流模型导入网络领域,理论结合实践,逐步推导出网络心流产生的因果模型。本章在丰富网络用户体验理论体系的同时,验证了心流体验是交互行为中用户体验的"巅峰状态"。

■ 本章参考文献

[1]　李爽,蒋晓.心流理论在互联网产品设计中的应用研究[J].艺海,2013(5).

[2]　SCHMITT B H.顾客体验管理[M].冯玲,邱礼新,译.北京:机械工业出版社,2005.

[3]　SHEDROFF N. Experience Design [M].[S. l.]:New Riders Publishing,2001.

[4]　李存,郑卫东,张敬文,等. Hi-card 移动应用设计.UPA 用户体验大赛获奖作品.

[5]　邓鹏.心流:体验生命的潜能和乐趣[J].远程教育杂志,2006(3).

[6]　马丁·塞利格曼.真实的幸福[M].洪兰,译.沈阳:万卷出版公司,2010.

[7]　林华.计算机图形艺术设计学[M].北京:清华大学出版社,2005.

[8]　COOPER A,REINMAINN R.软件交互革命——交互设计精髓[M].詹剑锋,张知非,译.北京:电子工业出版社,2005.

[9]　COOPER A,et al.交互设计精髓[M].刘松涛,等译.北京:电子工业出版社,2012.

第4章

设计调研

　　用户研究始终贯穿于交互设计过程。交互设计十分注重用户的使用行为和心理感受，关注如何使产品与用户能够更好地"交流"，减少用户在产品使用过程中的行为阻碍和心理障碍，提高使用体验。前期设计调研的目的是发现产品在用户体验方面的不足，挖掘新的设计切入点。一款产品的成功上线，需要在设计之初对产品的市场行情、相关竞品、目标用户进行分析研究，把握产品发展命脉，寻找设计创新点，挖掘用户需求并进行归类分析，找到用户需求中的"痛点"，为接下来的设计找到准确的定位和方向。

　　设计调研的目的在于从各方面收集产品的信息，研究目标用户，理解用户，发现用户的需求及痛点，制定合理的设计目标，指导设计实践的进行。如今的时代已不是纯粹的工业化时代，而是充斥着各种"体验"的时代，或者说是"体验经济"的时代。用户是为市场带来价值的主体，能否获得用户，决定了企业能否生存和发展。用户体验便是产品与用户在直接触碰过程中激发出的感受，以用户为中心的设计（UCD）也成了通用的设计理念和方法。使用 UCD 的设计调研方法能够发掘出目标用户的核心需求，为设计提供参考，指引设计的方向，准确定位产品设计要点，去粗取精，升级改善现有产品的设计。本章将主要围绕基于 UCD 的设计调研相关知识和方法进行系统讲述，旨在为读者提供最实用的指导，使之深入了解和掌握用户研究的内容和方法。

　　本章将介绍的内容如下：

　　（1）基于 UCD 的设计调研方法及相关概念；

　　（2）详述调研方法及操作，主要包括问卷法、观察法、访谈法、焦点小组及卡片分类法。

■ 4.1 基于 UCD 的设计研究方法概述

由于数字技术的不断发展,也使得各种各样的概念创意设计不再是纸上谈兵,而是能够被人们生产出来,技术对于设计创新的实现难度逐渐减弱。市场上各大公司产品设计的重点也逐渐从以产品、技术为导向转变为以用户为中心。用户体验的好坏成了界定产品设计成功与否的关键。美国苹果公司的产品之所以在世界范围内具有众多的拥趸,除了设计团队在技术和硬件设备上精益求精外,乔布斯对软、硬件产品使用体验上近乎苛刻的设计要求更是苹果产品获得成功的关键。产品设计的角度从原来的生产者和设计者转为用户,更有利于产品实现自身价值,带来可观的经济利益。

如今,人们的生活已离不开网络。各种网页和手机移动端的应用层出不穷。但是,在成千上万的海量应用面前,大量存在的不"友好"应用,让用户苦不堪言。例如,在购物网站上挑选好了商品后,才发现"结算"按钮怎么都找不到;手机上的应用一打开便是各种推送的消息,引导页面扑面而来,无法跳过或关掉;图书馆配备了自助的借阅系统,但是用户使用时如何都进入不了操作页面,最终还是要人工处理。类似这种些情况随处可见,如图 4-1 所示。虽然技术本身不存在问题,但是却不能方便地使用,种种挫败感不断侵蚀着用户的内心。

图 4-1 不"友好"的设计随处可见

当今，计算机人工智能技术发展迅猛，产品越来越智能化。那又何为智能呢？"智能"不仅是技术上的日趋完美，更重要的是产品与用户、与人之间的隔阂更少甚至消失，从用户的角度去设计和研发产品，围绕着用户进行设计。

Donald Norman[①]认为，以用户为中心的设计（User Centered Design，UCD）应以用户的需求和利益为基础，以产品的易用性和可理解性为侧重点。他提出了 7 项设计原则，如图 4-2 所示。

Norman 将用户需求和欲望作为设计的中心，强调用户在产品使用过程中获得控制感和安全感的满足。产品能否为用户接受，关键是能否找到与用户相关的可用信息。在产品设计的整个流程中，设计师要站在用户的角度去看待设计，围绕用户而不是设计师去思考和设计，如图 4-3 所示。

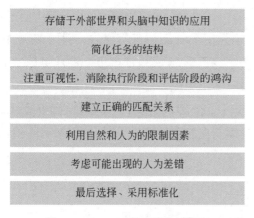

图 4-2　Norman 的 7 项设计原则　　　　图 4-3　设计流程中始终以用户为中心

James Garrett[②] 将 UCD 的思想用非常简单的一句话表述为"在产品开发的每个步骤中，都要把用户列入考虑范围"[③]。但是这种简单之中却蕴含着巨大的复杂性。用户体验的每一个步骤和流程都需要慎重考虑和合理决策，之后再落实到设计流程中。UCD 的设计流程保证了每个流程结点的选择都不是随意的，而是经过了深入的需求分析后得出的。只有这样才能保证制定出的设计决策具有合理性，使设计的成功率提高。他还将用户体验的流程进行了划分，提出了用户体验的 5 个层面：战略层、范围层、结构层、框架层和表现层，如图 4-4 所示。

---

① 唐纳德·诺曼（Donald Arthur Norman，1935— ）美国认知心理学家、计算机工程师、工业设计家，认知科学学会的发起人之一，尼尔森-诺曼集团（Nielsen Norman Group）咨询公司创始人之一。作为一个以人为中心的设计的倡导者，关注人类社会学、行为学的研究。代表作有《设计心理学》、《情感化设计》、《未来产品设计》等。

② 詹姆斯·格瑞特（Jesse James Garrett）美国交互设计专家，AJAX 之父，是 Adaptive Path 用户体验咨询公司创始人之一，是信息架构和用户体验的积极倡导者。

③ 加瑞特.用户体验的要素：以用户为中心的 Web 的设计[M].北京：机械工业出版社，2008.

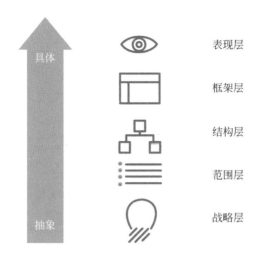

图 4-4　用户体验 5 个层面(根据 James Garrett 用户体验要素 5 个层次重绘)

目前比较流行的需求调研方法主要有问卷法、观察法、访谈法等,以及焦点小组、卡片分类法等其他方法。针对不同的产品,用户研究的方式也不相同,选择合适的研究方法,对于用户需求和用户目标的挖掘具有事半功倍的效果。

■ 4.2　问卷法

相信每个从事设计行业的人员对问卷(Questionnaire)调研方法都十分熟悉,这是一种最普遍的用户调查方法。它的主要形式是一份经过精心设计的纸质表格或电子表格,用于收集和测量用户对调研对象的认知、态度和使用方式等内容。问卷调研的流程如图 4-5 所示,前期常需要进行多次的预调研和问卷评估,更改后才会进行大范围的问卷发放。

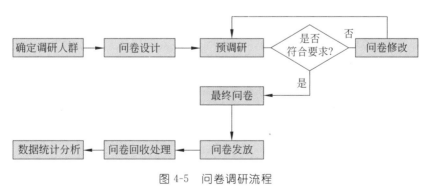

图 4-5　问卷调研流程

■ 4.2.1 确定目标人群

设计只能满足特定用户人群而非所有人的需求。所以在问卷设计的初期,要将目标人群定位明确,以此提升问卷结果的可信度,这对于问卷调研的成功与否很重要。

例如,对某类网站改版后用户态度的调研,一般会将用户简单地区分为新手用户、中间用户和专家用户,如图 4-6 所示。针对不同类型的用户,问卷中问题的数量、提问方式等就需要分别考虑。新手用户可用相对通俗易懂的话语来描述选择类问题;对于大量的中间用户,可设计一些较为主观灵活的问题;对于专家用户,设计的问题和数量都与前两者不同,这是因为他们对目标的认知有很强的深度和广度,思考问题更加敏锐甚至苛刻。

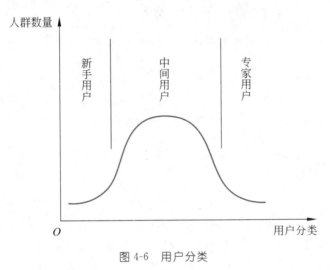

图 4-6 用户分类

一般情况下,可以依据产品的设计目标来寻找调研用户,但是有些产品不能这样,这是因为产品的目标人群并不是使用人群。

例如,要进行一个老年人健康医疗方面 APP 的设计,其产品定义如图 4-7 所示。从其产品的理念上来分析,APP 是为老年人设计的,那么如果进行问卷调研,调研人群主要是老人。但是从其功能和使用方式来分析,该款 APP 的真正用户其实是他们的子女而并非老年人本身。所以设计师在进行问卷设计和人群调研的时候,就不能只是围绕老年人进行,他们的子女才是调研的重点,毕竟产品的真正使用者是子女,老年人只是产品的受益者而非直接使用者。

根据设计目标,寻找到特定的调研人群,会给下一步问卷调研的成功打下良好基础。

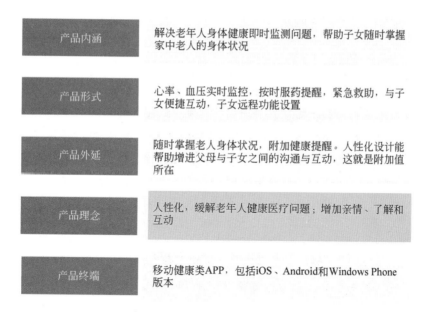

图 4-7　产品定义

■ 4.2.2　问卷设计

问卷调查是为了发掘用户相关信息，包括用户的观点、态度、行为和价值观等。这种方法较容易掌握，而且在问卷设计和调研过程中产生的成本较小，在学校和企业中都比较适用。如图 4-8 所示，一份完整的问卷设计主要包含以下几项内容。

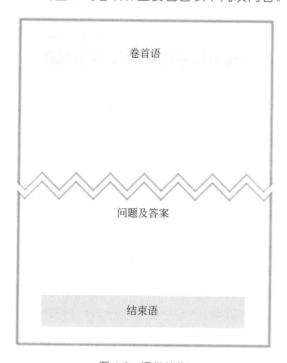

图 4-8　问卷结构

1. 卷首语

顾名思义,卷首语是放在问卷起始位置的一段说明性的文字,内容包括调研机构自我介绍,调查目的、受测者的选取条件,施测的条件和要求,问卷的使用方式和相应的说明指导。若非现场调研,还需要标明受测者的问卷回复方式和时间。当然,考虑到受测者的心理安全感,对于问卷调研的匿名性、保密性等方面的条件和原则也要在此着重提出。

卷首语要求语意明确,精练,切忌语意不详或者重复啰唆,不要带给被测者心理压力。卷首一般位于问卷的起始位置(有时也可单独另附一页纸张),是受测者第一眼关注的地方。编排合理、亲切、吸引人的卷首语,能够引发被测者的兴趣,为问卷填写带来便利。下面是一份实际问卷的卷首语。

> 您好!
>
> 为了了解女性美发习惯,挖掘女性的美发需求和行为动机,我们特邀您参加此次问卷调查。您宝贵的意见和建议将对美发服务流程产生重要影响。本问卷中的问题并无对错,您可依据自身情况进行填写。我们将对问卷结果保密。
>
> 作为感谢,调查完成后,我们将赠送您一件小礼物。
>
> 衷心感谢您的合作!
>
> ××××××××单位
> 负责人:×××　联系电话:×××××××××
> ××××年×月×日

2. 问题及答案

问题是问卷的主体内容,问题的设计需要在明确调研目标的前提下,确定需要测量的变量,以及这些变量的外在表现行为,并依此对问题进行编排,并最终选择合适的提问方式和答案。

从形式上看,问题类型主要包括封闭问题和开放问题两种,它们的主要区别在于是否有明确的答案可供选择。

(1) 封闭问题在具体编制上又分为填空式、选择式和态度量表式。

① 填空式。受测者需要直接填写答案内容,以数字内容为主。主要在人口统计学信息的收集中用到,受测者可直接填写年龄、收入、持续时间等相关数字信息。例如:

> 您的年龄是_____岁。
>
> 您的月收入是_____元。

② 选择式。选择形式可分为是非选择式和多项选择式。

• 是非选择式题目的答案是单项选择，答案只有"是"和"否"或者其他类似的判定形式。问题的答案都较为明确和可预测。例如：

您做完发型后是否有拍照的习惯？［单选题］［必答题］

☐ 是

☐ 否

• 多项选择式的题目答案不唯一，受测者可根据自身情况选择多项答案，这是一种普遍的问题形式。例如：

您一般什么情况下会变换发型？［多选题］［必答题］

☐ 想换个心情

☐ 穿衣风格换了

☐ 出席重要活动

☐ 以前的发型很久了

③ 态度量表式。此类问题答案的设置一般采用用户满意度量表的形式，分为 5～7 个层级，从"不满意"到"很满意"等具有层级递进的形式表示，能够测定受测者的满意度和态度。例如：

移动社交应用中存在的不足之处，您认为如何？请在＿＿＿＿＿上打"√"。

	非常赞同	比较同意	不太同意	不同意	说不清
通讯录中好友信息的泄露	＿＿＿	＿＿＿	＿＿＿	＿＿＿	＿＿＿
短信内容泄露	＿＿＿	＿＿＿	＿＿＿	＿＿＿	＿＿＿
过多的信息推送和绑定	＿＿＿	＿＿＿	＿＿＿	＿＿＿	＿＿＿
应用中出现陌生人	＿＿＿	＿＿＿	＿＿＿	＿＿＿	＿＿＿
总是受到访问权限干扰	＿＿＿	＿＿＿	＿＿＿	＿＿＿	＿＿＿

（2）开放问题。此类问题不为受测者提供具体答案，受测者可根据自己的偏好自由回答。由于此类问题需要受测者思考后回答，会浪费较多时间和精力，并且结论无法定量收集和测定，给后期的问卷分析过程增加难度，所以问卷中应尽量少出现开放式问题。开放式问题一般使用情况如图 4-9 所示。

需要特别关注的是，在题目的设置上，可在初始的几道题中加入测试性的题目，或者在相隔几个问题后设置相似题目，作为后期进行问卷数据处理时的标准，当然该问题不能让受测者事先知晓，在后期的问卷审核中应着重关注该问题。当受测人员就测试性问题给出的答案出现明显的错误或者前后描述不一致的情况时，那么整张问卷的可信度就需

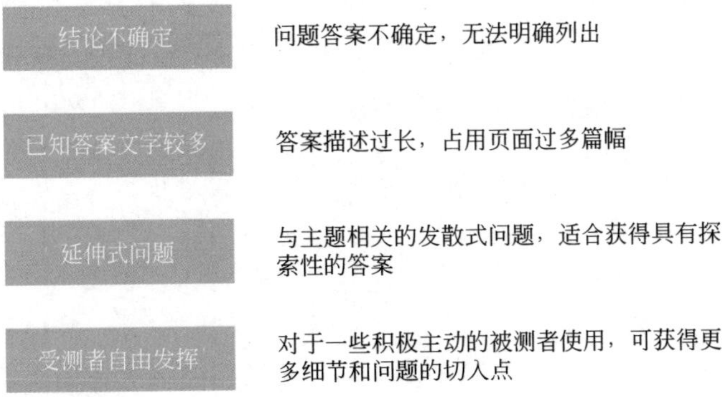

图 4-9   开放式问题适用条件

要进行重点评估。

以下是一份关于女性美发习惯的调查,部分具体问题如下:

1. 您的年龄在何范围?［单选题］［必答题］
□18 岁以下
□18～25 岁
□25～35 岁
□35 岁以上

2. 您大概多长时间去一次美发店?［单选题］［必答题］
□一个月两到三次
□一个月一次
□两到三个月一次
□半年一次
□半年到一年一次
□不一定

3. 您一般什么情况下会变换发型?［多选题］［必答题］
□想换个心情
□穿衣风格换了
□出席重要活动
□以前的发型很久了

4. 您美发后如何打理自己的头发?［单选题］［必答题］
□根据发型师建议
□根据书籍、网络、媒体等建议
□根据个人经验
□不怎么打理

5. 您美发后一般会有什么活动?［多选题］［必答题］

□参加宴会

□逛街购物

□没有活动

□其他

6. 您会为新发型而添置新衣服吗?［单选题］［必答题］

□是

□否

7. 您做完发型后是否有拍照的习惯?［单选题］［必答题］

□是

□否

8. 您是否希望美发店提供定期发质跟踪护理服务?［单选题］［必答题］

□是

□否

9. 您做完发型后,一般通过什么方式跟朋友分享?［多选题］［必答题］

□拍照发微博或者其他社交网站

□见面聊天的时候

□通过 QQ 之类的聊天工具视频跟朋友分享

□其他

□不分享

10. 您信任哪种途径得到的美发体验卡?［多选题］［必答题］

□熟人赠送

□公司发放

□街上派发

□网上获得

11. 您是怎么选择美发店的?［多选题］［必答题］

□熟人推荐

□广告宣传

□个人亲身体验觉得好

□看心情随意选

12. 您目前属于以下哪种情况?［单选题］［必答题］

□有固定的发型师和固定的美发店

□我只认准一家美发店

☐ 我只认定一个发型师，他去哪我就去哪

☐ 没有找到最适合自己的那个，朋友推荐哪个就去哪个

☐ 我会根据自己发型的不同需要选择不同的美发店

☐ 其他

13. 您选择其他美发店的原因？［多选题］［必答题］

☐ 因自己喜欢的美发师辞职

☐ 因其他店的广告宣传和促销活动

☐ 对美发师的技术不满意

☐ 对服务中使用的产品不满意

☐ 对其服务态度不满意

您在做头发的时候遇到哪些困扰？请在＿＿＿＿＿上打"√"。

	同意	比较同意	说不清	不太同意	不同意
工作太忙，无法抽出时间做头发	＿＿	＿＿	＿＿	＿＿	＿＿
经常做头发的店离自己较远	＿＿	＿＿	＿＿	＿＿	＿＿
由于各种原因，经常忘记去做护理	＿＿	＿＿	＿＿	＿＿	＿＿
不太清楚做完的发型如何打理	＿＿	＿＿	＿＿	＿＿	＿＿
刚做完头发后头发的味道比较大	＿＿	＿＿	＿＿	＿＿	＿＿

4.2.3 预调研

预调研是指在问卷正式大范围发放之前，先找小部分目标用户进行问卷调查的一种问卷测试过程。这一步骤主要是为了研究问卷内容的可信度和有效程度，考察问卷质量，减少随机误差的影响。

该过程主要是为了对问卷进行评估。被试的数据在经过收集分析后，反过来逆推问卷问题，分析和优化问卷内容。

例如，若某个问题的预调研结果相差较大或者与设计者的心理预期相差过大，则可能是问题设置出现了差错或者提问方式不妥当，包括词语的通俗性、语言的逻辑关系、问题判定的偏好设置等；同时，预调研过程还会发现一些完全可以废弃的题目，这类题目与问卷设计目的相关度极低，问题结果差异性过大或者是重复性的问题。这时可能需要对问题进行改进甚至删除，因为这样的问题在后期的数据分析中是属于被忽略掉的部分，存在的意义不大，所以从问卷内容的质量和篇幅考虑，要减少此类问题的出现。

■ 4.2.4 问卷发放与回收

根据操作程序、调研人群和调研目的的不同,可以灵活选用不同的问卷发放方式进行调研。

(1)集中填写。将受测者集中在一起,由测试者讲解调研的机构、目的、内容以及填写时的注意事项。受测者可以每人一份问卷或者问卷的答题纸,由幻灯片播放问题(有些需要视频资料的调查研究),填写完成后可立即回收问卷,如图 4-10 所示。集中填写较节省时间,且问卷的回收率高。但是这也需要根据具体调研内容进行选择,因为有些受测人群很难集中。

(2)当面访问。调研人员需要携带调研问卷到各个访问地点,与选定的受测者进行交谈,如图 4-11 所示。调研中应按照问卷中问题顺序进行访问,避免引导性的话语干扰。该过程由访问者客观记录答案,不要随意增改题目。当受测者是活动不便的老年人或者文化程度低的人群时,当面访问是合适的选择。

图 4-10　集中填写　　　　　　　　　图 4-11　当面访问

(3)邮寄发送。调研人员将印制好的纸质问卷邮寄给用户,用户填好后再寄回问卷结果。信封中除了问卷,还需要准备足够的邮资和明确的地址。邮寄发放限制条件较少,同时可以减少人力消耗,但是时间跨度相对较长,且回收率难以保证,如图 4-12 所示。

(4)电话访问。用于电话访问的问卷需要进行一定的调整以利于快速记录答案。电话访问中受测人群的样本随机性高,样本分布广,避免了人工干扰,但是电话访问中易出现电话不通、受测者拒绝回答等问题,所以需要号码样本多,且访问人员要有较强的专业水平,如图 4-13 所示。

(5)网络发送。如今网络发展迅速,各种在线调研网站也有很多。测试者可以将问卷发到网络上,将电子版问卷、网络问卷(如图 4-14 所示)、链接地址、二维码等发送到邮箱、QQ 群、朋友圈或是社交网站中,邀请朋友进行填写。网络访问具有便捷、匿名、低成本等特点,容易产生病毒式传播,且这种传播不受控制,受测者填写也具有较强的随意性和低准确率的特点。

图 4-12　邮寄发放图

图 4-13　电话访问

图 4-14　问卷在线制作网站(问卷星 http://www.sojump.com/;问卷网 http://www.wenjuan.com/)

4.2.5　数据统计分析

在数据统计分析之前,需要对回收的问卷进行审核,去除无效问卷,提高问卷的可信度和有效性。在审核时可先通过设计的"测试性"问题进行简单的筛选,对于出现问题的问卷需要重点评估。答案从头至尾都选同一个选项或者呈现明显"趋势",这类问卷可做废卷处理。

问卷审核完毕后,对问卷答案进行分类编号,然后录入计算机中处理。数据处理软件很多,例如使用常见的 Excel 数据表格处理软件就可以完成基本的统计操作,但是用得最多的相对更科学化的是 SPSS 软件。SPSS 是 SPSS 公司为 IBM 公司推出的一系列用于统计学分析运算、数据挖掘、预测分析和决策支持任务的软件产品及相关服务的总称,在数据统计和相关分析上具有十分重要的用途。

调研问卷的设计需要仔细编排考虑,有些问题需要在设计过程中注意。

(1)问题是否必要。问卷的最终目的是为了获得用户对于产品和设计的态度等相关数据,问题的选择一定要与主题相关,切忌出现重复或者偏离题目的问题出现。

(2)避免暗示性语句。受测者在完成问卷的过程中,也会试图去理解问题的意图,揣摩测试者想期望得到的答案,这样的结果会对可信度造成影响。暗示性的语句和导向性的语句,暗示了测试者希望得到的答案,希望得到特定的回答。这类言辞要在问题中去除,语言要精简。

(3)问题数量。问卷的回答时间也是需要考虑的问题。例如,在街头拦访时,由于环境情况所限,其问题数量一定要少,保证较短的答题时间;若在室内进行集中测试,回答时间也要尽量控制在 30 分钟之内,保证受测者在测试时间内一直保持较高的注意力。

(4)编排问题结构。合理安排问题的顺序,可以采用先易后难的原则设计。问卷前部分属于热身阶段,可设置一些单选题,将用户注意力转移到问卷之上;中间部分可设置一些核心的问题;开放性的问题由于需要耗费较多的思考成本和书写时间,并且有时用户不愿意回答该类问题,放在问卷后半部分,不会影响整个问卷的质量。

(5)为开放式问题留出空间。开放式问题可以起到引起受测者兴趣的作用,可以得到意想不到的调研结果,所以要为开放式问题留出空行,供受测者填写。

4.3　观察法

观察法是一种在特定目的指引下,有计划地通过对被试人群的语言、动作、表情等进行一系列的观察记录,从而判断被试者的行为习惯、心理、情绪状态的心理学研究方法。具体实践内容框架如图 4-15 所示。

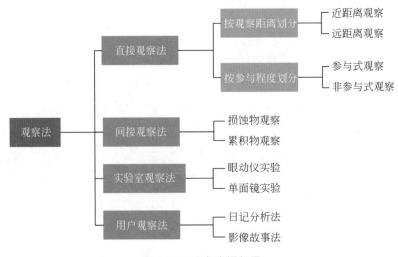

图 4-15　观察法框架图

　　各种方法并不是独立的,而是在一次观察调研中需要综合各种具体方法,灵活应对各种调研场景。

■ 4.3.1　直接观察法

　　直接观察法可在日常情境中进行,不需要营造特定场景,力求在被试者最自然的状态下进行。例如,在图书馆观察学生是如何使用自助查询系统或者在地铁站观察人们在等地铁时用何种方式打发时间等,如图 4-16 所示。

图 4-16　在地铁站观察人群等车时的行为

　　直接观察法是相对比较容易实施,用户研究中通常都会采用的方法,且一般都会几种方法结合使用。

　　(1)近距离观察＋非参与式观察。观察者身处被试人群之中进行观察且以第三者的身份独立于被试者的活动之外,"旁观"被试者的语言、动作、表情等行为。这种情况下由于观测者也处于被试的视线范围之内,所以很容易被发觉,而且容易让被试者产生被"偷窥"的心理压力,严重时会产生不必要的误会,导致研究很难进行下去。因此,有时候需要和相关人员提前沟通好,再进行观察研究。如研究小组在医院输液室观察研究病人输液时的各种状态,由于观察者和病人、医务人员有着明显的区别,所以其实很容易被发觉。而且鉴于目前医患关系的不和谐现象,使得病人和医务人员对于观察者的态度均不是很友好,如图 4-17 所示。

图 4-17　在医院输液室进行观察法调研

（2）近距离观察＋参与式观察。这种方式的长处在于观察者也是被试团队中的一员,在不暴露身份的前提下与被试者共同完成活动,共同经历过程,享受成果。这种方式使得观察更加自然,对被试者的心理压力较小,不会使观察者处于尴尬的境地。但是这种方法对于观察者要求较高,因为这既需要观察者时刻保持高度的关注力,观察被试者的行为,还要完成团队的活动,耗费的精力较大。例如,在研究用户在团队活动中处于何种角色的研究中,观察者也处于团队之中,完成一系列的过程,如图 4-18 所示。

图 4-18　观察者处于调研活动之中

（3）远距离观察。尽管观察法要求的是细致入微的观察,但是根据调研目的和调研环境的不同,近距离观察有时反而不是适宜的方法,而应该选择远距离观察。借助望远镜、长焦镜头等设备,对被试者进行观察。例如,观测学生校园中乱停车行为,由于场地环境条件复杂,特定时间段较为集中,人群流量大,采用远距离观察方式是较好的选择,如图 4-19 所示。

图 4-19　观察学生停车行为

直接观察法中各种方法要相互配合,灵活运用。几种方法的对比如表 4-1 所示。

表 4-1　几种观察法的对比

名　　称	优　点	缺　　点	适　用　场　景	设　备
近距离观察	细致入微	观察者容易陷入尴尬境地	场地相对较小或是封闭环境	录音、摄像设备,笔记
远距离观察	全局掌握	细节把握不到	环境场景复杂,人流量较大	笔记、望远镜、长焦镜头、伞
参与式观察	身临其境	思维受限	群体行为中的个体	录音设备等
非参与式观察	客观观测	感同身受较差	被试者独立行为	录音、摄像设备

最理想的状况是,观察者不被被试者发觉,不影响和干扰被试者在自然状况下的行为。一方面,可以减少被试者的心理压力,避免产生一种"众目睽睽"之下或者被"偷窥"的感觉;其次是也需要减少被试者刻意"表演"的状况发生,这些都不是最自然状态的行为

反应。

从心理学研究的角度来看,直接观察法也可称作自然观察法,其优点在于,所观察的被试者的行为是在真实情境中发生的,而不是在实验室环境当中,心理学家将这一性质称作"生态效度";观察者能够有机会看到真实状态下被试者的语言、动作等行为是如何受到环境影响的,有利于了解被试者的行为在真实环境中变化的丰富程度究竟如何等。

另一方面,直接观察法的缺点产生原因主要来自于观察记录人员自身。对场景环境和被试者的选择、观察记录的方式、记录的偏好、记录的重点、观察过程所选的时间范围、频率等,都会对观察结果产生影响。例如,对于等地铁的人群的观察,在上下班高峰期和空闲时期,不同的时间段人们的行为会有很大差异。其次,直接观察法容易让观察者产生思维定势,长时间的观察,对于被试者活动行为的敏感度会降低,观察记录容易遗漏。另外,人无法完全摒除自己的偏见,在观察者观察中也不例外,日本有句俗语,"只有放下成见才能看清事实。"尽管观察者会尽力减少这种偏见效应对观察的影响,但是难免会遗漏,严重的有时甚至会扭曲观察记录。

4.3.2　间接观察法

范伟达在《现代社会研究方法》一书中将间接观察法定义为"对自然物品、社会环境、行为痕迹等事物进行观察,以便间接反映调查对象的状况和特征。"直接观察法主要用于观察被测人群在真实环境中的社会化活动或者社会现象,在活动和现象进行当中进行观察研究的,是从行为和动机的角度出发去观察。而间接观察,则是从社会活动和社会现象产生的结果(物化了的社会现象)出发,间接认识被试对象的状况和特征。物化了的社会现象,是一种社会现象的物质载体。它承载了社会现象相应的物质信息,是对现象的真实反映和记录。物是行为信息的载体,而观察者要做的,就是发现并将这种记录转化成调研成果。

社会是一个大的群体,人与物、人与环境、人与人之间也总是有着各种联系,六度空间理论[①]便是对这种关系最好的解释。间接观察法就是围绕观察对象,对和观察对象有关系的人和事物进行研究,以了解目标对象的相关信息。这种场景与刑侦工作有些相似,都是通过一些"目标人物"遗留的信息去追踪和研究目标。

使用间接观察法时,对观察物的研究一定要全面,同时还综合运用多种观察手段。例如,在研究学生对文献资料中哪些知识感兴趣时,可以在图书馆中挑选该领域有代表性的几本书进行间接观察研究。研究的内容包括对书籍本身情况进行记录,如入馆日期、内容

---

① 该理论也称作六度分割理论或小世界理论,是指任何一个人和一个陌生人之间的间隔不会超过 6 个,即最多通过 6 个人便可以认识一个陌生人。这个理论不是强调必须通过 6 个层次才会与另一个人产生联系,而是指出任何两个陌生人,通过一定方式相互之间都会产生联系。这一理论也随着社交网络的发展而逐渐被大众所认识和接受。

简介、批注、磨损程度、折页和污损状况，还可以通过图书馆的借阅系统查询被借的频率和时长等，通过侧面来了解学生对于该类知识的关注程度即兴趣点所在，如图 4-20～图 4-22 所示。

图 4-20　观察书籍摆放位置和污损状况

索书号	条码号	年卷期	校区	馆藏地	书刊状态
J15/024	21193515		总馆	设计学院书库	可借
J15/024	90926646	-	总馆	文学、艺术图书借阅区	可借
J15/024	90926647	-	总馆	文学、艺术图书借阅区	可借
J15/024	90926645	-	总馆	图书阅览室	阅览

图 4-21　书籍借阅情况研究

（图片来源：江南大学图书馆官网）

间接观察法中有两种比较著名的方法：损蚀物观察法和累积物观察法。从名称便可以看出，一种是对剩余物、损坏物进行研究，一种是对保留物进行研究。无论选择哪种研究方法，这些物品无疑都记录了用户留下的行为痕迹，能够从侧面反映出用户的态度偏好。

（1）应用损蚀物观察法较为著名的案例便是研究人员对于芝加哥街区垃圾的调查，这种方法最终演变成一种特殊的研究方法——垃圾学。其观点便是"凡已发生的人类行为，其信息均包含在垃圾中，应被纳入研究之列。垃圾研究纵贯历史，涵蓄古今"。在书籍

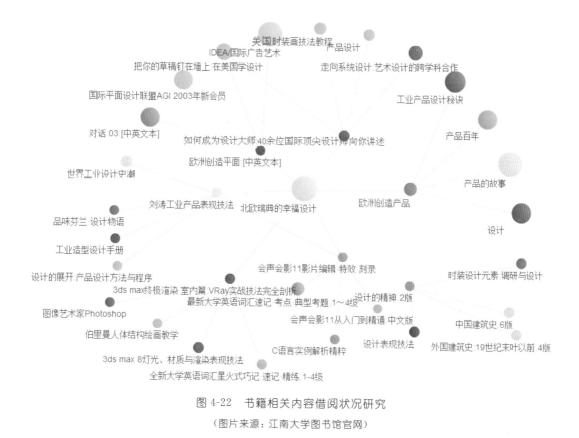

图 4-22　书籍相关内容借阅状况研究

（图片来源：江南大学图书馆官网）

观察的案例中对于书籍本身的观察研究，便是运用了损蚀物观察法。

　　（2）累积物观察法主要是观察用户保留的物品，并进行研究。例如，对于某一地区人们饮食习惯的研究，可以调研该区域内用户在商场中购买货物的累计清单，根据购买数量和频率等相关信息研究饮食偏好，如图 4-23 所示。

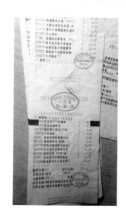

图 4-23　"累积物观察法"研究

　　无论使用上述哪一种方法，其本质都是追寻痕迹，对物化了的社会现象进行观察，然后根据观察结果"逆推"出研究对象的态度和行为偏好等调研目标,从结论去反思用户的行为。

直接观察比较直观、真实,属于对当前事件和行为的观测,但是有时由于研究目标和目的的不同,对于目标用户经历的以往的事件或者相对隐秘的行为难以直接观察。此时就需要用间接观察法进行必要的补充研究。间接观察法对于时间和空间的要求程度不高,与直接观察法相比释放了观察者更多的精力和注意力。但是间接观察法实际操作过程较为复杂和曲折,也需要观察者有较强的洞察能力和逻辑思维能力,甚至是一些想象力。对于过去现象的研究,间接观察法是比较适宜的研究方式,但是对于研究当前正在发生且较为复杂的行为,或者不同的原因可能会导致相同的结果,即出现一果多因的现象时,间接观察法就需要作为直接观察的辅助手段使用,需要谨慎控制,不可夸大,减少个人偏见。

■ 4.3.3 实验室观察法

实验室观察法也称作外部观察法,它需要借助一定的外部设备、实验仪器辅助进行观察研究,一般在设计的开发和优化评估阶段使用。在此主要介绍眼动实验相关知识和流程。

眼动仪是一种在心理学研究中常见的实验仪器,从 20 世纪初至今,眼动仪技术已经发展得比较完善。借助眼动仪器,可以让研究人员切实地将观察对象与实际使用情形联系起来。眼动实验在互联网的虚拟产品中应用较为广泛。与传统研究相比,眼动仪更适合对在传统调研方法中无法解释的问题进行研究。例如,用户面对一个陌生的注册页面,迟迟没有动作,不知在关注或者寻找什么,这时通过眼动仪测试可以找到答案。

根据工作原理的不同,眼动仪可分为光学记录式,电流记录式和电磁感应式。其中大部分公司采用光学记录式眼动仪。它是根据角膜和瞳孔的反光来工作的,其中不乏一些国外著名的大公司和研究机构,如美国应用科学实验室(ASL)、加拿大 SR 公司、瑞典的 Tobii 公司、德国 SMI 公司等。接下来主要以瑞典的 Tobii 眼动仪作为实验仪器对眼动仪实验法的相关流程进行讲解。

瑞典 Tobii X2-30 眼动仪为非接触式眼动仪,成本低,效率高,使用方便,操作者容易掌握,易于携带,整个装置的组装时间也很短,同时由于小巧和连接简单,可实现使用传统体积眼动仪无法实现的实物表面眼动追踪研究,是比较适宜实验室使用的眼动仪,如图 4-24 所示。

配合仪器配套的 Tobii Studio 多功能分析软件,观察者可收集到眼动测试原始数据,同时还具有高级的分析功能,可生成表格、热点图、轨迹图、兴趣区间等数据图形,也可将多个被试的眼动数据进行叠加后比较分析。基本操作流程如下所示。

(1)安装设备。测量眼动仪相关位置数据并输入计算机中,如图 4-25 所示。

图 4-24　TobiiX2-30 眼动仪

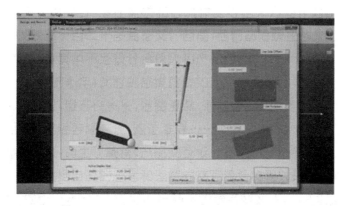

图 4-25　安装调试眼动仪

（2）设置需要测试的图片、视频或是网页地址。这一步主要是根据研究人员的调研课题去测试相应的目标，以便记录所需眼动数据，如图 4-26 所示。

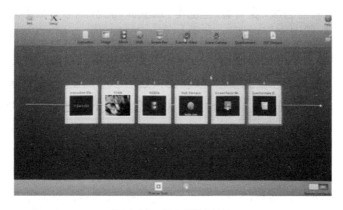

图 4-26　导入测试对象

（3）设备校准与测量。调试环境亮度、调整对被试双眼刺激物的属性等；验证数据，要求至少 80％目光收集为有效。在达到实验要求的情况下进行试验测试，如图 4-27 和

图 4-28 所示。

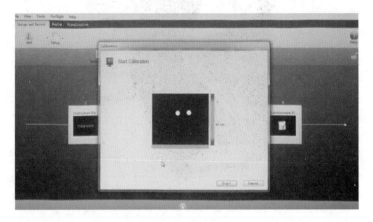

图 4-27　眼动仪校准 1

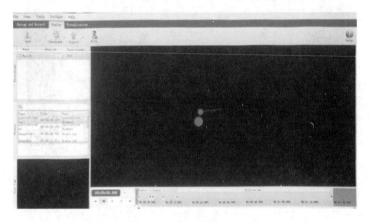

图 4-28　眼动仪校准 2

（4）收集、分析处理数据，如图 4-29 和图 4-30 所示。

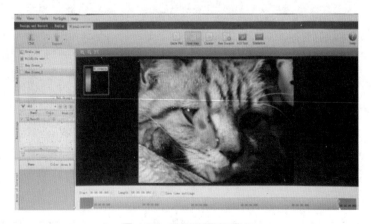

图 4-29　收集分析数据 1

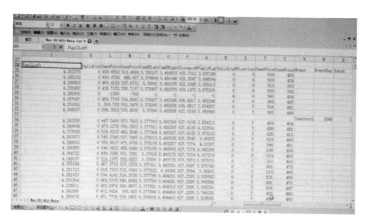

图 4-30　收集分析数据 2

在进行眼动仪实验中，有一些需要注意的事项。

（1）明确实验目的。眼动实验一定要明确实验目的，因为给被试者提出不同的要求，面对同样的情景或画面，实验数据是不一样的。例如，对于同一个移动应用，让被试者自行浏览还是规定一个操作目标让被试者来完成，最终形成的热区图和轨迹图会有明显的差别。

（2）及时解决发现的问题。对于在眼动测试时发现的一些问题与疑惑，在实验结束后要及时与被试者进行交谈了解。研究人员必要时可与被试者一起对测试录像进行回顾，及时将疑惑解决。

（3）灵活选择样本量。关于测试样本量的选择，一般来说比较通用的做法是 30 个被试者即可。但是针对不同的研究目的，样本量需要灵活调整。如果研究目的是针对不同设计之间进行比较测试，那么 30 个样本量就有些略少，测试结果中的个体性的偏差过大，容易对结果产生影响；如果研究目的是为了测试目标的可用性或旨在寻找问题突破点，一般来说 8～10 个样本数量基本可以涵盖了 70％～80％ 的问题，选取 30 个样本数量已经足够发现问题。

（4）提升数据可信度。由于实验操作或被试个人原因，可能会导致有些眼动数据有些明显的偏差，所以对收集到的数据样本进行"清洗"，删除无效数据，提高数据的可信度。

4.3.4　用户观察法

上述所讲的都是观察者使用的方法，但是作为被观察的对象，用户的自我观察也尤为重要。用户是目标行为的发起者，是产品的最终用户，对于自身的喜好，需求最为了解。通过用户观察法，能够从使用者的角度去发掘用户的需求，提供外部观察发掘不了的需求，填补观察者和用户之间的认知差异。

1. 日记分析法

被试用户记录自己在一段时间内的日常活动,通过文字、图片、语音、博客的形式展现出来,在此过程中,观察者可提供相应的录音、摄像设备等。

日记分析法有相应的适用情境,并不是所有的观察活动都适合用户自己记录。

首先,用户记录观察所需的数据是非常容易的。所有观察活动都是力求在最自然的状态下进行,所以不能干扰或影响用户在自然状态下的活动。如果记录的数据这一行为耗费了过多的精力,则会对观察活动产生影响,所需数据的可信度也不高;所研究的目标对象是间断使用的,并且会长时间使用。例如,在工作期间,便不适合经常打断工作来进行记录行为。

持续时间是日记观察法中需要重视的。根据调研目标对象的不同,日记分析法有时会持续几天或更长时间。例如,设计某个景点的导向系统时,只需要求用户提供记录观众参观的整个流程的视频即可,持续时间较短,如图 4-31 所示。如果是一款校园课程管理的应用,可能要求用户记录他们整个学期的上课活动,并且重点关注他们在课程安排、提醒方面的活动,相对需要持续很长时间。

图 4-31 日记分析法研究景点的导向系统设计

最重要的是,日记分析法中所采用的行为不能对用户的日常行为造成干扰,搜集信息的方式要尽量隐蔽,减小影响,同时还要力求真实性,避免"表演"的现象发生。

例如,在调研设计博物馆导向系统时,需要研究在整个参观过程中观众行走的路径,这时日记分析法是比较合理的,此时只需用户拍摄相关的照片,即可得到想要的数据资料。

日记分析法虽然操作方便,能够从用户手中获得有价值的信息,但是也存在以下缺陷,需要在使用中注意。

（1）干扰。如果记录行为在观察活动当中进行，必然会导致原有行为的停滞，对正常活动造成干扰，例如，在会议或是驾车过程中进行记录就不太实际。

（2）遗漏。由于日记记录是由用户来完成的，和观察人员的角度不同，所以关注的重点必然会有所差异。有些观察者认为，比较能反映用户需求的有代表性的行为反而会被用户认为是无关、琐碎的，从而被忽视和遗漏。尽管在观察开始前可以要求用户对于一些行为或现象重点记录，但是这种认知差异导致的记录偏差，还是无法避免的。

（3）内在原因不明。用户记录的是行为和现象本身，对于内在的需求、欲望无法从记录中得到信息，后期需要再去分析和发掘。

2. 影像故事法

影像故事提供了受测用户的一段相对完整的、叙述性的生活片段，可以由用户拍摄，在用户允许的情况下也可以由观察者拍摄。

影像等信息媒体能够表现用户在空间场景中的真实状态，而且图像和语音结合，展现空间更加全面，也便于后期的反复分析研究。影音资料将用户的行为环境、态度、表情等细节都做了记录，能够展示用户自身不易察觉的一些行为细节、习惯和偏好等。由于人的活动易受外部环境和自身情绪的影响，所以影音资料不宜过多，避免造成不必要的干扰。

各种数字影音媒体间需要相互支持，互为补充，全方位、多维度地展现目标用户的行为、态度，通过连续、动态的方式获取研究信息。

■ 4.4　访谈法

访谈法是指由研究人员依据调研要求和目标，与受访人员面对面的交谈，有计划地收集资料的研究方法。访谈法中，研究人员与受访者直接接触与交谈，通过二者之间的有效互动来获取所需信息。访谈过程中，叙述者和倾听者的角色随时发生转变，但是访问人员还是主要的倾听者，受访人员为叙述者。

在进行访谈之前，要列出访问提纲，对访问的内容、方式都要全面深入了解和规划。这样，访谈人员才能在提问时更自然、更有亲和力，在一种流畅轻松的氛围下完成整个访谈流程。访谈的形式有多种类型，如图 4-32 所示。研究人员可根据实际情况采取适宜的访谈方式，以求达到较好的访谈结果。

按标准化程度划分，访谈可分为结构性访谈和非结构性访谈两种。前者的特点是按定向的标准程序进行，通常是采用问卷或调查表的形式来完成访谈。访谈过程中访问人员所提的问题出自手中的问卷，灵活度较小，但是能够获得较为完整的访谈结果，如图 4-33 所示；后者指没有定向的标准化程序，访问人员和受访者双方进行自由交谈。访问过程中访问人员需要把握一条主要的问题线索进行谈话，围绕一个大的主题主导谈话

图 4-32　访谈法分类

的内容。由于没有严格的提纲限制,所以谈话的内容十分灵活,可根据实际情况随时转换话题、谈话方式等。访谈获得的结果深入且十分丰富,但是需要后期花费较多精力进行归类整理,过滤提取可用信息。

图 4-33　结构性访谈

　　按调查对象的数量划分,访谈可分为个别访谈和集体访谈。个别访谈也称深入访谈,访谈中访问人员与受访者一对一接触,面对面进行交流,目的旨在探究用户对于某一问题、现象或者产品的潜在动机、态度及情感,适用于了解一些较为复杂、抽象、难以定量测量的问题。个别访谈的过程给予受访者的心理安全感更强,交谈容易深入,获得的信息更加全面和具体,挖掘的程度更加深入,受访者的态度和想法不会受到他人干扰,获得信息的真实性更强。

对于个别访谈的具体实施步骤,胡飞[①]将其归纳为 6 项,如表 4-2 所示。

表 4-2　个别访谈的具体实施步骤

步骤	工　作
1	研究人员接受任务书
2	研究人员制订访谈方案和确定访谈对象
3	调查员预约被访者
4	调查员进行正式访问
5	调查员在访问后进行资料整理
6	研究人员记录存档留底,访问后续工作

集体访谈是指由一名或多名访谈人员召集一些受访者进行互动交流。集体访谈主要以焦点小组的形式进行,有关焦点小组的操作方式接下来会有详细地讲解,在此不再赘述。

按照调查次数的不同,访谈可分为横向访谈和纵向访谈。横向访谈又称一次性访谈,是指访谈人员在特定时间内就某一具体问题对受访者进行一次性的访谈,受访者完成相关的访谈内容即可,不会重复访谈。这种方式需要对样本数量进行一定量的抽取,常用于收集事实性资料;纵向访谈又称重复性访谈,是指对固定的受访者进行多次的访谈资料收集。纵向访谈属于一种深入访谈,能够深入了解受访者,获取丰富的具有层次性的研究资料。一般纵向访谈对于样本至少进行两次以上的访谈研究才会达到效果。

按人员接触情况分类,访谈可分为面对面访谈、网上访谈和电话访谈。面对面访谈也称直接访谈,是访谈人员和受访者进行直接沟通来获取访谈资料的一种方式,也是最常用的一种访谈方法。网上访谈是基于目前发达的网络即时通信功能,可使用访谈工具以文字的形式获得访谈资料,如图 4-34 所示。网上访谈不需要与受访者直接接触,这样给受访者带来的心理压力较小,能够获得无法通过语言传达出来的信息。同时网络访谈相对成本较小,操作灵活,文字记录易于保存。但是由于访谈人员和受访者不直接接触,所以无法观察被访者的行为、表情等,对于其真实情感的挖掘不够深入。而且毕竟文字内容是经过用户头脑深度加工过的,其真实性的程度并不能得到保证。电话访谈也属于非接触式访谈,访谈人员通过电话形式与受访者进行交流获取访谈资料。电话访谈需要进行一定的交流互动,谈话的语气可计入访谈资料中,但是同样无法观察到受访者的非语言行为。

访谈中需要注意以下问题。

---

①　胡飞. 洞悉用户:用户研究方法与应用[M]. 北京:中国建筑工业出版社,2010.

图 4-34　网络访谈工具

（1）指定访谈大纲，根据研究目标的不同，访谈大纲的内容应该有所差异，因此访谈大纲的制定还是十分必要的。在访谈过程中如果有始料未及的情况发生，若要将访谈进行下去，访谈人员就需要即时改变既定的访谈方向或者访谈方式。所以，为了顺利解决此类"突发事件"，一定要在访谈正式开始之前进行内部测试，尽可能多地发现访谈过程中可能会出现的问题，给自己充足的时间来进行必要的调整。

（2）问题要详细。问题不能十分空洞，例如，"你觉得这款手机拍照的 APP 怎么样？"就属于太过宽泛的问题，受访者一时很难回答，而且也很难获得有用的信息。

（3）问题要具有开放性。访谈就是更加直接的交流，所以一些问题便可以与文字型问题有所差别。访谈中不要提问"是/否"类的问题，这样很难让受访者产生代入感，无法进行互动交流。大多数情况下，让受访者讲出自己的故事，是最好的一种效果。例如，下面某一次访谈片段：

> Q：您能谈一谈初次使用 Moves（一款健康类移动应用）的体验过程吗？
>
> A：一打开 Moves，就被它清爽的页面吸引了。它用起来很安静，有安全感，在我需要的时候招之即来，不需要的时候挥之即去。Moves 待在后台默默地计算着我的步数和运动距离，它生成的图表十分清晰、漂亮，没有难懂的数据。通过看图就能看到我在不同的时间段里都运动了多少分钟，什么时间没有运动，什么时间待在公交车里。它还将我走过的路线记录了下来，只可惜定位不太准确，所以轨迹似乎与实际有些差异，但是，谁又会在乎这点小瑕疵呢！

（4）注意事项。在实际访谈进行中，访谈人员一定要着装整洁，随身携带必要的证件。面对受访人员要保持礼貌尊重的态度，切忌打哈欠、态度慵懒。在访谈结束后，可给访谈者赠送一件精致但是不贵重的小礼物，个人手工制作的效果更好。

■ 4.5　焦点小组

■ 4.5.1　焦点小组概述

焦点小组（Focus Group）法又称小组座谈法，是一种非正式的访谈方式。焦点小组访谈法源于精神病医生所用的群体疗法，从所研究的总体中选取一定数量的对象组成样本，根据样本信息推断总体特征的一种调查方法。

　　焦点小组与面对面访谈的差异在于其中的群体动力影响。群体动力中所提供的互动作用是焦点小组的成功关键,依赖于人与人之间的交互性活动。一个人的反应会影响和刺激其他同组人员的思路和想法,从而能够碰撞出新的思路和想法,这种小组成员之间的相互作用有利于扩展问题探究的视角和领域。

　　焦点小组一般由 8~12 个人组成,小组成员在研究人员关注的方面要具有相似性,以便获取需要的信息。尽量不要聚集相互熟悉的人员进行访谈,这样不易揭示真实观点和想法。成员招募完成后,在一名经过训练的主持人的引导下对一种产品、服务、观念等进行深入讨论,探究不同观点、感受和行为的内在动机以及个人之间的观念差异。

■ 4.5.2　焦点小组实施步骤

　　实施焦点小组访谈的一般步骤如图 4-35 所示,具体说明如表 4-3 所示。

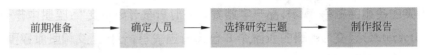

图 4-35　焦点小组实施步骤

表 4-3　实施步骤及说明

步　　骤	说　　明
前期准备	安排好访谈时间、地点,调试必要的录音、摄像设备。相比于其他访谈方式,焦点小组需要一个较好的会议地点,让访谈用户在不被打扰的情况下进行,在条件允许时,可在专门的焦点小组测试室中进行,以保证访谈对象处于一个相对舒适的环境中,如果使用单面镜设施,需要提前告知访谈人员。在进行访谈的环境中,要保证访谈用户可以围绕一个大桌子落座,同时要为观察人员和主持人安排位置
确定人员	1. 访谈对象一定要招募目标用户,同时确保访谈人员有时间,对相关问题感兴趣、有想法并且想要分享。这类用户对于话题本身更感兴趣,相互之间的交流、讨论容易激发出更多的想法。要避免多次招募同一名访谈人员。尽量招募不同背景的访谈用户,不同的思路更容易相互激发想法,引起讨论。对招募人员要给予一定的报酬。 2. 一个优秀的主持人也是焦点小组能够成功的关键因素。主持人一定要具备良好的沟通、协调能力,在对课题本身有一定了解的前提下,能够调动所有访谈人员的积极性,鼓励他们参与其中,把握整个焦点小组访谈的节奏和气氛,避免冷场或者某个成员未参与讨论的情况发生
选择研究主题	对于研究课题的提纲要进行仔细推敲,逐一进行排列,对每个话题进行展开讨论。尽量不要选择极为专业的主题,这样会使访谈用户感到难度较大,且不易招募到适合的用户
编写访谈报告	及时对焦点小组的讨论内容进行整理和归类,真实记录下成员讨论的内容,并依此探究用户的需求、行为和态度的内在驱动因素

　　下面是关于一次真实的焦点小组实施过程,调研题目等相关内容如下。

调研的题目是为一所以教育培训为主的学校学生提供服务的产品，其中涉及课程、住宿和餐饮服务。

为了获取用户需求，团队选择了焦点小组法，并邀请了部分在校学生作为访谈对象。

访问安排在一个会议室中进行。主持人先对活动进行一个简短的介绍。在前期的预热阶段，先是和访谈者进行了一些生活方面的交流，使访谈者进入一个自身较为舒适的心理状态，随后主持人根据调研提纲开始进行提问，如图 4-36 所示。

图 4-36　实施访谈

访谈问题以开放式为主，主要鼓励访谈者讲述自己的经历，如问道"您是否有过参加培训的经历呢？其中最大的感触是什么？"的时候，大部分受访者就会回忆自己的相关经历，畅所欲言，加之主持人的一些启发式的言辞，能够让访谈者侃侃而谈。

当仔细记录完受访者对某个问题的回答后，主持人没有马上转入下一个话题，而是继续在这个问题上深入下去，继续提问"如果觉得这样不好的话，什么样的方式会更有效果呢？"这样一层一层逐渐深入，挖掘访谈者的内在需求。

在开放性的问题提问结束后，就已经得到了大部分想要的结果，要对比访问提纲，将没有问到的问题查漏补缺，完成整个访谈过程。

在结束访谈后，团队可赠送给访谈者一些小礼物作为感谢，如图 4-37 所示。

图 4-37　结束访谈，赠送小礼物

4.6　卡片分类法

4.6.1　卡片分类法概述

卡片分类法（Card Sorting）是一种主要应用于互联网行业的调整信息架构方法。这种方法也常常应用在用户研究当中。例如，通常用于对网站导航或标签的分类方式与目标用户在对网站的信息分类上的认知差异，从而发掘目标用户的需求，依据分析结果合理规划和设计互联网产品或者软件产品的信息构架。卡片分类法可以在设计流程的各个阶段使用。在前期，分析结果可作为新产品的设计依据；在后期，可用于产品的可用性测试等。

卡片分类能够帮助设计人员找到合适的信息组织方式，有助于进一步了解目标用户是如何看待类别和概念的，了解他们和设计人员的思维模式有哪些差异。在需要了解一款新产品如何有效组织的信息，面对当前冗余、烦琐的组织架构时找不到问题症结所在；想知道设计的新产品信息架构是否合理，可用性如何时，选择卡片分类法是一个十分适宜且高效的技术手段。

顾名思义，卡片分类法就是将需要归类的信息写在卡片上，然后进行归类。具体实施步骤如图 4-38 所示。

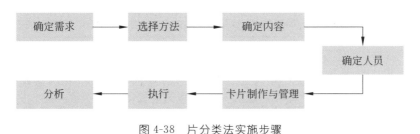

图 4-38　片分类法实施步骤

4.6.2　确定需求

明确研究目的是什么，想要通过卡片分类法了解什么内容，确定整个研究过程的中心思想，接下来的一切都要围绕这个主线进行，保证研究方法的使用效果。

一般来说，针对不同的设计阶段和目标，可以确定不同的研究需求，对应关系如表 4-4 所示。

表 4-4　卡片分类法研究需求与设计目标对应关系

设 计 目 标	卡片分类法需求研究
网站扩展或新建网站	需要了解更多想法,拓展设计思路
新建网站或改版网站的可用性	检验设计思路的合理性,探索是否可行
网站部分内容的深度划分	对设计思路进行深入探索分析
大型网站,其目标用户类型众多	比较不同目标用户,了解用户目标需求

4.6.3　选择方法

实施卡片分类有多种不同的方式,针对每种不同的研究方式又会得到不同的研究结果,其分类如表 4-5 所示。

表 4-5　卡片分类法类型划分

分 类 条 件	类　型	特　征
参与者是否创建卡片和标签	开放式	应用更频繁,可得到更多结果
	封闭式	向网站增加小部分内容;已有内容和类别不可更改
参与者人数	小组卡片分类	分组过程的讨论有时比分组本身更有价值,时间长
	个人卡片分类	获得大量反馈,得到额外信息,时间短
卡片形式	手工卡片分类	技术含量低,方式自然,实实在在
	软件卡片分类	有利于远程人员参与,人数可众多,与数据处理紧密结合

一般来说,各种卡片类型可混合使用,没有很严格的界限。开放式的卡片分类也可以并不是完全开放的,研究人员可以在执行过程中要求参与者考虑一些要求作为一定的条件限制,例如,"考虑一下完成这个流程的阶段"或者"哪一个标签是用来实现主要任务的";进行小组卡片分类,最后得到的是一个团体经过协商达成共识后的结果,有时这种讨论的过程往往更有意义,能直观反映用户的认知方式,但是无法记录个人参与者的"出声思考"过程,所以这个时候可以在小组卡片分类结束后选择部分参与人员进行个人小组分类,记录其在小组中不同的分类方式和思考过程;手工卡片分类的操作技术含量低,方式自然,但是卡片的制作、收集、数据录入等十分烦琐。软件卡片分类较为便捷,而且分组结果可以直接进入数据分析阶段,但是缺少了面对面的接触,无法记录参与人员实际的思考过程,所以这时可以利用屏幕共享等相关软件,将手工卡片分类的直接性和软件卡片分类的便捷性结合起来使用。

需要注意的是,在执行卡片分类的时候,研究人员必须保证在现场进行全程观察,而不是坐等分类结果。在参与人员进行分类活动时,研究人员需要注意或者做到以下几点:

（1）聆听参与者的讨论,观察分组过程,这个过程是发现目标用户认知和分类模式的好机会；

（2）记录分组的内容中哪些容易分类，哪些不易分类；

（3）若小组卡片分类时某个成员过于强势，或者有些成员没有参与分类活动中，就需要主持人及时调节气氛。

4.6.4　确定内容

实施卡片分类法时，并不总是一帆风顺的，有时甚至会得到一些令人哭笑不得的结果，大部分分类失败的原因，是因为卡片上的内容选择不当。卡片内容的确定是比较困难的，需要研究人员仔细思量。卡片上需要选择特定的内容，同时要有意义和代表性，能够体现研究的目的、关注的重点、涉及的范围等。内容既要明确、易于理解，呈现信息又要足够丰富。内容要避免一些导向性的干扰，只要所选内容能够真实反映期望答案所指向的问题即可，不要故意设置一些语言陷阱，导致参与人员只能选择唯一的分类结果。

卡片内容的来源与所进行的是何种项目有关，是设计一个全新的产品，还是对现有产品的迭代升级和完善，又或是在可用性测试阶段探究新设计、新思路的可行性。针对一个全新的产品，处于设计的前期，还没有完整明确的信息构架，不知道需要设计哪些具体信息模块，所以这时的卡片内容可以将愿望清单作为参考（但不是唯一的参考），完成卡片内容；对于重新改版的产品，卡片的内容可以根据产品已有的信息架构分类，如按照主题、导航标签、产品内容目录等进行分类；如果是探究新的想法和设计，可以使用头脑风暴的结果，或者借鉴相关产品中的类似分类方式进行内容的设计。对于卡片内容的选择，可以参考下列内容选择的小技巧[①]：

- 选择能够进行分类的内容；
- 选择同一个层面上的内容；
- 内容或功能任选其一，不要两者都选；
- 选择具有代表性的内容；
- 选择不会主导分类活动的内容；
- 选择参与者能够理解的内容。

在执行手工卡片分类的过程中，卡片数目的选择也是需要重视的。一般来说需要给每位参与人员 20～30 张卡片，招募人数根据具体以何种方式分类来确定，卡片数量则是二者的乘积。同时要准备一些大小相同的空白卡片，用于参与人员记录或者填写索引卡。

卡片的数量会影响参与人员分类的效果和质量，但并不是根本原因。参与人员在进行分类活动中所花费的时间与卡片的内容及相关性的复杂程度有关，因为有些分类卡片

---

① SPENCER D, GARRETT J J. 卡片分类：可用类别设计［M］. 周靖，文开琪，译. 北京：清华大学出版社，2010.

只是数量众多,而卡片上的内容并不复杂,所以参与人员依旧能在较短时间内完成。应该根据内容的复杂程度来适当调整卡片的数量,如果分类内容复杂程度较低,那么可以适当增加卡片的数量;另外,进行卡片分类的个人相对于团体来说能够管理更多的卡片,他们对于每个卡片的分类和去向更加清晰,且不会受到其他成员的影响。

■ 4.6.5 确定人员

1. 主持人

不论是进行小组还是个人卡片分类,都需要一个主持人来主持活动,主导活动流程有序进行。主持人在活动中所做的任务较多且杂乱,包括对整个活动进行说明、分发材料、活动的解释,回收材料等,必要时可配备相关人员协助。如图 4-39 所示,优秀的主持人应该具备的素质如下。

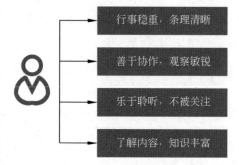

图 4-39　主持人应具备的素质

(1) 行事稳重,条理清晰。能够针对卡片分类活动进行介绍和指导,活动进行中能进行细节处理及记录。如果是小组讨论,可选择暂时性的离场等。这些事情都需要主持人有条不紊地完成,同时也给参与者营造一种轻松的环境。如果主持人表现得毫无章法、紧张焦虑,那么这种情绪必然会影响到参与者的分类活动。

(2) 善于协作,观察敏锐。善于与他人相处,沟通能力强,能够使整个卡片分类活动在轻松、愉悦的氛围中进行,这对参与者而言是最好的环境;而在活动过程中对参与者的疑问及时进行解释、记录、沟通,也是主持人需要具备的能力。

(3) 乐于聆听,不被关注。如果主持人不能做到安静地聆听参与人员的讨论交流,或者过度参与活动,成为活动的焦点甚至主导整个活动的行进方向,那么这绝对不是一个合格的主持人。在卡片分类活动中,主持人要做一名优秀的倾听者,尽量做到不被关注,不影响参与者的分类活动。

(4) 了解内容,知识丰富。这里是指对于研究方法、卡片内容、活动目的等要有一定的知识积累,当面对参与人员提出的疑惑时,主持人要及时给予清晰明确的解释,从而保持活动的流畅性。

2. 参与人员

对于卡片分类法而言,最合适的参与人员是产品的最终用户,即产品的真正使用者,而不应是设计人员、管理人员、内部员工或者替代用户。最好选择已有使用经验的用户,这是因为他们能够提供给研究人员更多有价值的信息。在对参与人员的邀请时,要选择对产品有兴趣的用户,否则匆匆分类的结果并不会有很大的研究价值。一般来说,参与人员会选择同种类型的用户,但是如果要研究不同类型用户之间的差异,就要邀请不同类型的用户进行卡片分类,但是一定要将不同用户的分类结果分开记录,避免混淆。

在邀请参与人员进行分类活动时,要事先告知进行的是什么活动,并回答参与者的一些问题,保证活动能够顺利执行。表 4-6 所示是邀请参与者时使用的一个脚本,脚本中需要给参与者呈现一些必要的信息。

表 4-6 邀请参与者示例脚本

邀请参与者示例脚本
我们是××××研究小组,目前正在重新设计××××产品,我们研究的重点是了解如何让人们快速找到需要的信息。
因此,我们准备进行一项"卡片分类"的活动来探究问题解决方案,邀请您来参加。活动过程中,我们会给您一些有关×××产品信息的卡片,然后请您将这些卡片分类。我们会根据您的分类结果发现您的信息分类方式,进而改善我们的设计。
您不需进行任何准备,无须具备特定专业知识,答案无所谓对错。
本次活动持续时间控制在 1 个小时之内,活动将于×××年×月×日在××××地点进行。

4.6.6 卡片制作与管理

在确定好了需求、方法以及相关参与人员后,便可进行卡片的制作流程。如果是采用手工卡片分类,那么就需要制作实体卡片,如果进行软件卡片分类,则无须制作实体卡片,但需要将卡片内容输入软件当中。下面主要针对实体卡片进行说明,如表 4-7 所示。

表 4-7 卡片制作与管理

	内　　容	注　　释
卡片类型	3in×5in(76mm×127mm)索引卡(如图 4-40 所示)	为了区别相邻参与者,可选择不同颜色的卡片;将内容打印出来粘贴到卡片上
	名片打印纸	比索引卡略小,同样适用
	手写卡	适用于小型卡片分类
卡片标题	可打印,小型的卡片分类活动也可以手写	避免内容重复,解释产品行业术语,适当扩充标题解释内容
其他用品(如图 4-41 所示)	空白卡片	允许参与人员复制或创建新内容
	即时贴	书写分组标签
	记号笔	用于书写记录
	橡皮筋	捆绑卡片
	订书机、信封、足够大的空间	辅助设备

图 4-40　手写的索引卡　　　图 4-41　基本用品：卡片、即时贴、记号笔

　　执行卡片分类活动的第一步便是对此次活动进行介绍，即向活动参与者解释卡片分类的流程和规则，研究人员想从中得到什么结果，大家如何执行等一些细节问题。介绍用的示例脚本如表 4-8 所示。

表 4-8　开场介绍示例脚本

开场介绍示例脚本
（活动目的） 　　我们是××××研究小组，目前正在重新设计××××产品，我们研究的重点是了解如何让人们快速找到需要的信息。 （进行卡片分类） 　　我们正在进行一项"卡片分类"的活动来探究问题解决方案。活动过程中，我们会给您一些有关×××产品信息的卡片，然后请您将这些卡片分类。我们会根据您的分类结果发现您的信息分类方式，进而改善我们的设计。 （需要做的事情） 　　我们希望您将这些索引卡归入您认为合适的分组当中。 　　卡片的分类无所谓对错。 　　当您在分类过程中遇到如下问题时，可采用相应的解决方式： 　　• 某些卡片无法归入任何一类，则可以放置一边不予考虑； 　　• 你可以删除认为不必要的卡片，或者增添认为需要的卡片； 　　• 某些卡片可以归入多个类别，则可在空白索引卡上写出它们的名字，然后将其归入相应的类别，但是请将原始卡片归入您认为最合适的分组当中； 　　• 如果您认为卡片标题或者解释定义和您的理解有出入，可以删改。 　　在完成分组后，请在卡片顶部放一张即时贴，简单写出您这样分组的依据。然后请将该组卡片用橡皮筋捆绑起来，让我们知道它们是被分在一组的。 　　我们会看到人们不同的分组方式，这有助于我们了解人们对于相同内容的不同认知方式，有助于我们改进和完善××××产品设计。

4.6.7　执行卡片分类

在介绍卡片分类的过程中,有一些问题需要注意:

(1) 对测试的项目给予参与者足够多的相关背景,让参与者对卡片上的内容有所了解;

(2) 避免做出在主观上引导用户行为的言语和行为;

(3) 活动介绍简洁明了,不啰唆。

在介绍完活动之后,便可以开始分发卡片了。在卡片分发的过程中,也可以使用一些技巧,以提高分类活动的效果。

(1) 卡片分散放置在参与人员面前。将所有卡片捆绑成一捆发放,参与者容易一张一张边看边分类,不利于整体的把握;将所有卡片摊开放置,可以让参与者答题时看到全部的开篇内容,有利于建立合适的分组。

(2) 保证每个参与者面前都有卡片。尤其是在进行小组分类时,有些参与者比较强势,有些参与者干脆不参与分类讨论。为了避免此类情况发生,可以在发放时控制数量,确保每位参与者面前都有卡片,保证每个人都参与其中。

(3) 重新洗牌。如果要进行多次使用同样的卡片进行分类活动,那么在下一组进行之前,要对卡片进行重新洗牌,避免他们沿袭前面参与人员的分类模式。

在活动开始后,研究人员需要实地观察分类活动的进行情况并在活动中适当地做些协调和答疑工作,保证每位参与人员都加入了分组讨论当中。最重要的是,需要做好对以下行为的观察和记录,如图 4-42 所示。

图 4-42　执行卡片分类过程

① 高频词汇。在分组活动中最重要的是倾听用户的讨论并对讨论的内容保持较高的敏感度。如果某些词汇出现的频率很高,那么就需要着重记录下来。因为这很有可能是对他们进行分组的依据或者是公认为比较理想的分类标签。

② 卡片分类顺序。在分组中,卡片的划分方式可以直接反映出内容的直观程度。对于先划分成组的卡片,其内容必然是最直观、易于理解的;对于始终排除在外或者留到最后等待归类的卡片,可能就是一些内容模糊不清的项目。

③ 卡片分类的桌面摆放方式。用户在刚开始分类时总是习惯于先将最直观、明确的卡片放在桌面的中间或者前端的醒目位置,之后才会按照一定的排列顺序进行分组。这时需要对桌面上摆放的卡片拍照记录,为后期分析做准备,因为这也可能与项目优先级顺序有所关联。

④ 录制音频。人们讨论的内容往往是最有意义的,如果可能,最好录制音频作为材料,用于分析、捕捉小组讨论的关键内容。

■ 4.6.8 结果分析

在卡片分类活动结束以后,研究人员便收集了大量的数据,下一步便是对这些数据进行分析。分析的方法可分为探索性分析和数据分析。探索性分析更多的是针对样本数据较小的分类活动,分析的结果较为表面,属于一种定性的分析方式;数据分析是一种定量的方式,适用于样本数据较大的时候。它是利用聚类分析的统计学方法,着重分析分类信息是否符合同一内在模式。数据分析处理除了需要研究人员具有相应的统计学知识以外,对于分析软件的要求也较高,一些免费软件很难有更高层次的分析能力,而付费软件对于个人用户来说很难承担。所以在此只是对于探索性分析内容进行简单介绍。

探索性分析操作十分简单,便于研究人员发现新想法和新视角,发现一些能够即刻使用的分类方式,主要包括对分组内容、卡片位置、标签、参与者的批注等分析,如表 4-9 所示。

表 4-9 探究分析

分 析 项 目	分 析 内 容
内容和标签分组	参与者之间内容分类是否一致;是否有异常内容;与预想的内容分组有何出入;标签使用术语的相似性与差异性
卡片放置位置	了解用户对于主题的明确程度;帮助了解参与者如何看待这些卡片内容
分析组织方案	探究参与者的内容组织思路,是一种特定组织方案还是混杂多种
分析参与者的批注	提供不同的分组见解,发现参与者是如何考虑的

关于软件卡片分类过程,需要借助必要的软件进行。目前使用较多的是 Optimal Sort,WebSort,OpenSort,TreeSort 和 XSort(适用于 Mac OS 环境),如图 4-43～图 4-45 所示。可以进入在线网站注册后按照步骤进行卡片分类,在测试结束后会生成一些分类矩阵图表。目前大部分软件都已免费,只有少数可进行大型卡片分类的软件需要付费。

图 4-43 Optimal Sort 网站

（图片来源：http://www.optimalworkshop.com/optimalsort.htm）

图 4-44 WebSort 网站

（图片来源：http://uxpunk.com/websort/）

图 4-45 XSort 网站

（图片来源：http://www.xsortapp.com/）

■ 4.7　本章小结

　　用户研究方法多种多样，掌握不同的研究方法，研究人员能够从多个维度去分析目标用户的行为、习惯、偏好等特征。研究方法的使用要依据具体的产品来确定。灵活选择调研方法，不但可以节约成本，减少人力、物力资源的消耗，也能够快速获得需要的数据和资料，为接下来的用户分析提供有力的证据。相关方法的实际应用可参考《产品交互设计实践》一书的第 5 章。

■ 本章参考文献

[1]　胡飞.洞悉用户：用户研究方法与应用[M].北京：中国建筑工业出版社,2010.

[2]　SPENCER D, GARRETT J J.卡片分类：可用类别设计[M],周靖,文开琪,译.北京：清华大学出版社,2010.

第5章

用户分析

　　上一章介绍了设计研究的相关方法，以及如何通过调研得到产品目标用户的一手资料。这些资料并不能直接被设计师利用，还需要用户研究人员对数据进行加工和提取，以确定用户的需求和目标。经过整理、分析，得到用户需求、用户认知及使用情景等相关结果，才能使设计目的更加明确。

　　聚焦用户需求，也是企业产生利益的关键。在 Google 公司的创新文化中，一个重要方面便是聚焦用户需求。"打造出色的用户体验，收入会照顾好自己的。"Gopi Kallayill[①]曾这样说道。用户需求，是企业成功需要关注的重点。

　　设计师要把握用户认知，理解用户的心理，跳出自身的认知框架，站在用户的角度去设计产品。目标用户群体的认知具有自身的特征。设计的产品能否被目标用户理解和接受，进而成为忠实的用户，关键在于是否符合用户的认知。

　　关注使用情境，让产品与用户、环境之间建立联系。没有产品是可以脱离环境而独立使用的，好的产品设计不是绝对的完美无瑕，而是在特定的情境下能够满足用户最核心的需求。不符合使用情境，往往也是用户"痛点"的产生原因。

　　本章将介绍的内容如下：

　　（1）用户需求概述及研究；

　　（2）用户认知分析；

　　（3）使用情境分析。

---

　　① 　全名戈皮·卡拉伊尔，谷歌（Google）公司高级产品行销经理。

5.1 用户需求

提到购物网站,常使人想到淘宝、京东等为数不多几个大型网站。虽然购物网站的数量很多,但是绝大多数是不为人知,从开始创立到默默地消亡都鲜有人关注。这样的事情在互联网行业已是十分常见。究其原因,除了在宣传、网站的技术开发上的不足外,用户体验的缺失是 个通病,网站的核心功能和用户的核心需求相背离,用户自然不会选择去使用这样的网站,久而久之,失败成了此类网站的必然结果。如图 5-1 所示,苹果公司的iPod 在设计生产之初也是受到了用户的质疑,因为这样一款以"听"为唯一功能的产品,在数码行业似乎是没有出路的。但是结果令人大跌眼镜,iPod 是苹果公司成功的产品之一,升级产品也依旧畅销,而这样一个小小的产品,没有冗余的功能叠加,而是将"听"这一唯一的体验,做到了极致,为用户提供了良好的体验,满足了用户对于"听"这一行为的需求。

图 5-1 苹果公司 iPod 产品

5.1.1 用户需求概述

需求是需要与欲求的意思。需要是机体的一种客观需要,而欲求则是一种主观需要,包括人在生理、环境、社会等方面的需要。需求是一款产品的市场基础,成功的产品不但要满足用户的物质需求,也要满足用户的精神和心理需求。经济学中将需求用一个公式来表示:

$$需求 = 购买欲望 + 购买力$$

在产品价格与需求之间可用一条需求曲线来表示,如图 5-2 所示。而在心理学上,需求是指人体内部一种不平衡的状态,它主要是由生理或心理上的缺失或不足所引起的一种内部的紧张状态,同时也是对维持生命所必需的客观条件的一种主观反应。

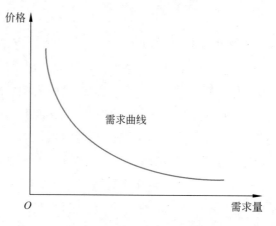

图 5-2　经济学中的需求曲线

（图片来源：搜狗百科）

本书涉及的用户需求,主要是从心理学角度获得的。对于人类需求研究最著名的理论就是 Abraham Maslow[①] 在《人类激励理论》一书中提出的人的 5 个需求层次:生理需求,安全需求,情感与社交需求,尊重需求,以及自我实现需求,如图 5-3 所示。这与我国春秋时期管仲所提出的"仓廪实则知礼节,衣食足则知荣辱"的道理不谋而合。

图 5-3　Maslow 需求层次金字塔(根据 Maslow 需求层次重绘)

后来经过他学生的扩展,在尊重需求和自我实现需求之间加入了求知需求和求美需求,以及天人合一境界需求,如图 5-4 所示。

---

① 亚伯拉罕·哈洛德·马斯洛(Abraham Harold Maslow,1908-1970),美国社会心理学家、比较心理学家,人本主义心理学的主要创建者。

图 5-4　增加后的 Maslow 需求层次金字塔

■ 5.1.2　用户需求分类

用户需求根据划分标准的不同,分类的内容也不尽相同。

1. 根据 Maslow 的需求层次理论划分

Maslow 的需求层次主要可分为两种:生理需求和心理需求。生理需求包括生理需求、安全需求、情感与社交需求。生理需求属于较低层次的需求,主要通过外界条件的影响和刺激来达到需求的满足;心理需求包括余下的几个层次,属于高级需求,是一种内心世界满足感的实现,心理需求无法量化且没有界限。8 种需求层次由低到高排列,但是没有明显的界限,低层次的需求得到满足后,更高层次的需求随之产生,而各种需求之间不会产生跳跃式发展,如图 5-5 所示。但是这种发展并不是绝对的,只有对更高一层级的需求产生欲望的时候,层级之间的差异才会产生追逐更高层次的需求驱动力。需求层次理论最大的作用在于它指出了每个人都有需求,但是更高层级的需求并不是每人都有的,这也解释了为什么有些人尽管已具备有追求更高层次的条件,但是需求层次仍停留在生理需求上。没有驱动力,更高层级的需求尽管存在个体也不会去实现。

在需求逐渐升高的过程中,越来越注重对内心需求的实现。有人曾批评需求层次理论过度重视对个人需求的关注,忽视了社会理想对于人的激励作用。但是从理论后来增加的关于"天人合一"的需求内容,包含了人们发展个人需求满足社会化需求的理念。

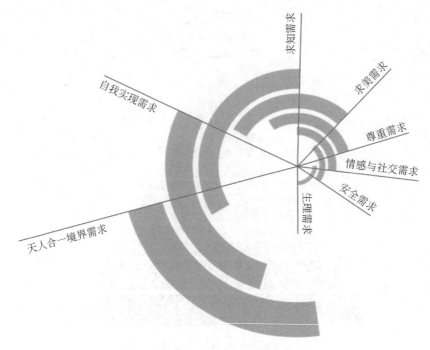

图 5-5　需求层次实现简图

Maslow 在晚期又提出一个超自我实现（Over Actualization）理论①，就是当一个人的内在需求的高级层次（自我实现）的需求得到充分满足时，所出现的短暂的"巅峰体验"的心理状态，这通常都是正在执行一件事情，或是完成一件事情时，才能出现的深刻体验，与"心流理论②"所描述的状态相一致。

Maslow 的需求层次理论清晰地阐明了人类需求产生的层级递推过程，整个过程均是从人本身出发的，这对于设计师来说可以起到一个很好的设计导向作用。将设计准确定位于需要的层级之上，有利于产品价值的实现和用户需求的满足。但是值得注意的是，需求层次理论对于人的潜在需求没有进行相关阐述，这也是其理论显得不完整的体现。

2. 从人本主义角度划分

美国耶鲁大学组织行为学教授 Clayton. Alderfer③ 在 Maslow 需求层次的基础上，经过更加接近实际的研究，修正了需求理论的论点，提出了 ERG 理论。该理论认为，人类存在 3 种核心需要：生存（Existence）需要、相互关系（Relatedness）需要、成长发展（Growth）需要，ERG 理论名称也从此得来，如图 5-6 所示。

---

① 马斯洛. 人性能达的境界[M]. 林方，译. 昆明：云南人民出版社，1987.
② 参见本书第 2.3 节。
③ 全名克雷顿·奥尔德弗，著名的管理名家，美国耶鲁大学行为学家教授、心理学家。

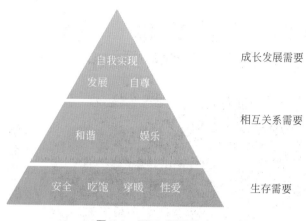

图 5-6　ERG 需要理论

Maslow 尽管在后期提出了需求理论的相关内容,完善了关于个体需求层级间的递增关系,即在生存需求达到高层次的时候,安全需求已经达到了中等层次,而社交需求也可能达到了初等层次。ERG 理论弱化了需求之间的层级关系,即 3 种需求之间没有明显的界限,是一个连续的关系。3 种需求可能同时存在,只是在某个阶段由其中某个需求起主导作用,而影响行为的发展。在低层次的需求得到满足后,可能会追求更高层次的需求,也可能停留在低层次上。但是如果对于更高层次的需求追求失败,则可能会退而求其次,在低层次的需求上得到更大的发展。低层次的需求不会因开始追求高层次的需求而停止,只会成为当前的次要需求,但是仍旧继续发展。

3. 从需求的深度上划分

用户需求可分为表面需求和本质需求。表面需求是为了达到特定目的而采用了特定的实现方法和手段的需求。本质需求则是用户的真实目的和欲望。Steve Jobs 曾说过:"我们不需要去做调研,也不需要去看统计数据,但是我们知道用户心理最需要什么样的东西。"可见,抓住用户的本质需求才是创造成功产品的根本所在。

例如,曾经一度火爆的人人网、QQ 空间的农场和牧场游戏(如图 5-7 所示)为何会在短时间内聚集大量的用户? 这种社交类游戏,表面需求是这种"偷菜"的行为几乎不会消耗过多精力(当然,一些"疯狂"的游戏迷除外),可以作为一种网上消遣的娱乐方式。无论是农场、牧场还是鱼塘等游戏,形式可以多样,但是这些都没有脱离一个更本质的需求,即用户的内在需求,渴望被认可、被尊重,游戏所依附的社交网络平台恰好可以满足这样的需求。好友关系的存在,是维系用户能够持续玩下去的主要动机。这就是为什么农场游戏能够流行很久,而类似的"偷菜"类型的游戏也可以在社交网站上长期存在的原因。

游戏的社会化趋势不但在社交网络上显现,而且在移动应用中更加明显。曾经一些早已被认为"过时"的小游戏,如连连看、消除游戏等早已玩腻的小游戏,在微信上焕发了

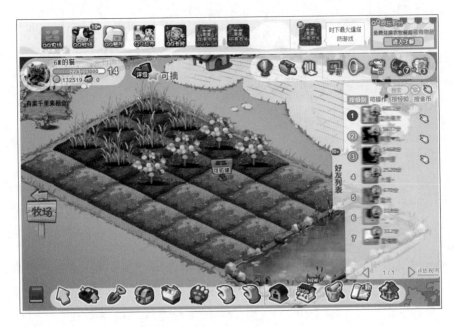

图 5-7　QQ 农场游戏

（图片来源：http://rc.qzone.qq.com/353? via＝QZSTORE.XX.SEARCH-0）

新生。《天天连萌》《天天爱消除》《飞机大战》（如图 5-8 所示）等成为大家热衷的娱乐方式和话题。纵然手机游戏市场给移动游戏带来了巨大的发展空间，但是抛开外界市场的导向性影响，用户的本质诉求在于社交、尊重的内在需求。微信游戏中的排名、成果展示、奖励等措施，都能够满足用户的社交化需求。对于用户本质需求的满足，是这些看似早已"过时"的游戏依旧能够吸引大量用户的原因。

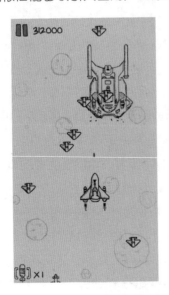

图 5-8　微信游戏——飞机大战

（图片来源：微信手机客户端）

4. 按需求产生的根源划分

依据需求产生的根源,用户需求可分为生理性需求和社会性需求。生理性需求是人类维持自身生命体征的需求,如进食、睡眠等,它也是人类最原始、最基本的需求。

5. 按照需求的对象或属性划分

用户需求按照需求的对象或属性可分为物质需求和精神需求。物质需求是一种基本需求,主要依赖于外在物质满足基本的生理需求;精神需求是人类内在意识的一种抽象的需要,包括认知、审美、道德、社交等,这类需要与心理需求的缺失有关。

6. 按照需求存在的层次划分

根据需求存在的层次,用户需求可分为显性需求和隐性需求。显性需求存在于人的意识层中,是用户已经意识到且能够清晰明确表达出来,并能被外在物质满足的需求。例如,饥饿时对食物的需求;寒冷时对衣物的需求。隐性需求存在于人的潜意识层或意识层与潜意识层的中间层,是用户尚未意识到的、模糊的、无法明确表达出来的一种内在需求。但是当用户接触到能够满足需求的外在物质的时候,隐性需求可以转化成为显性需求,从而形成消费行为。

7. 按照对需求的认知和识别程度划分[①]

根据对需求的认知和识别程度:用户需求可分为现实需求和潜在需求。现实需求是用户已经充分意识到,并可以表达出来的需求,往往是一些表面的需求;潜在需求是用户对此无法清晰描述的需求,无法通过驱动产生消费行为的需求。

■ 5.1.3　用户需求分析

完成用户调查之后,手中会有很多的笔记、照片、录音、视频、问卷等数据资料。它们是用户研究的一手资料,价值不可估量,但是收集数据并不是调研的最终目的,也并不能对设计流程有所帮助,只有对手中的数据进行深入合理的分析,将数据转化成用户需求和能够指导设计师的原则,才能显现出价值,所以对收集的资料进行分析、处理是下一步的工作重心,也是最大的挑战,如图 5-9 所示。

图 5-9　将资料转化为需求

---

① 王恒冲.产品设计的潜在需求分析探讨[D].长沙:湖南大学,2009.

　　产品是设计师创造的用来满足用户需求的载体。产品可以是任何东西，包括有形的物品、无形的服务、组织、观念或它们的组合。产品被输入市场，供给用户消费，并为提供者带来收益。产品作为满足用户需求的复杂利益的集合体，如何做到最大限度地满足用户的需求呢？首先可以从用户需求与产品本身的对应关系来进行分析。

　　随着交互设计的发展，实体交互产品与互联网虚拟产品之间的界限逐渐模糊，闫荣在《神一样的产品经理》一书中将互联网和移动互联网的产品的构成属性分为了两个方面：功能和内容。

　　功能是产品提供给用户实际操作使用的行为，产品功能需要与用户的需求一一对应，明确的功能能够准确、直接地满足用户需求，实现用户目标。用户有什么需求，便在产品中实现什么功能，这是一种最直接的设计方式。从用户的角度出发去设定产品功能的过程如图5-10所示。例如，在互联网产品中，如果用户需要打发等车时的垃圾时间，就需要提供一些阅读或娱乐化的功能；若是用户时间十分碎片化、时间短、频率大，那么关系型的社交网络提供了微博、状态等功能用来表达情感诉求；若是对某一领域的内容十分感兴趣，那么话题、轻博客等以内容、话题和兴趣为主的产品可以满足用户所需。

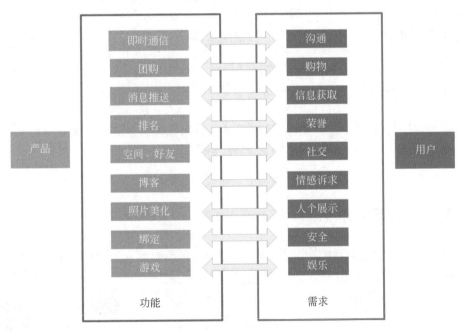

图 5-10　功能与需求对应关系

　　从互联网和移动互联网产品来看，产品内容的表现形式主要是文字、图片、视频和游戏等。内容与用户需求的一一对应关系不强，往往需要多种内容形式的搭配来达到产品目标，以凸显内容的准确性，如图5-11所示。例如，如果用户有了解最新前沿信息的需求，那么内容的实时性便是重点；若想了解娱乐信息，那么内容则要做到娱乐性；若用户有情感表达的需求，那么内容中需要有文字、图片、语音、视频方面的内容，力求以多维度的展示方式体现内容的显著性和美观性。

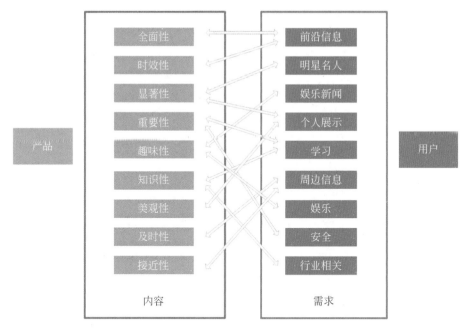

图 5-11　内容与需求对应关系

■ 5.1.4　用户需求评估

从得到的调研结果中可以发现,用户的需求千差万别。所有的用户需求都是合理的吗? 所有的需求设计师都要在产品中实现吗? 答案当然是否定的。设计师需要对用户需求进行进一步筛选。在确定用户需求来自于目标用户群体后,需要对用户需求进行区分归类,通过一些评估方法对用户需求进行分类,确定在未来的产品定位中,哪些需求该做,哪些需求不该做。哪些是核心需求,哪些是附加需求,然后再有目的地进行设计。

1. 模糊聚类分析法

模糊聚类分析法是通过分析客观事物之间的不同特征和亲疏程度,建立模糊相似关系,从而对其进行分类的方法。在用户需求分析的运用中,判断用户需求之间的相似程度(亲疏关系),然后统计并建立相似性矩阵,继而寻找需求组合之间的相似程度,由此逐渐将用户需求逐一归类。最终得到一个关系图谱,以更直观和自然的方式显示用户需求各个特性之间的差异性和相似性联系。

模糊聚类分析法要求对需求进行数学建模分析,所以在此对这种方法不做详述。

2. 质量功能展开

质量功能展开(Quality Function Deployment,QFD)是指把用户对产品的需求进行多层次的演绎分析，转化为产品的设计需求、工程部件特征、工艺要求、生产要求，用来指导产品设计并保证产品的质量，是一种以用户为导向的质量管理工具。由于该方法所使用的主要图形就像一所房屋，所以它也被称为"质量屋"，如图 5-12 所示。

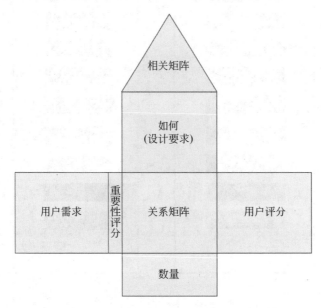

图 5-12　质量功能展开（根据"质量屋"图形重绘）

QFD 有助于企业将用户需求转化为流程设计或产品设计。Breyfogle[①] 经过研究，很好地归纳出了如何完成质量功能展开图的方法。

（1）用户需求调查。通过定性和定量的调研方法获得用户需求（调研方法在前一章节已讲述过）。注意对于用户需求的描述要与用户的叙述尽量一致，避免曲解用户需求。

（2）确定用户重要程度。在调研中需要用户使用态度量表对产品或服务的每个特征进行评分，该部分内容填入质量展开图的左边；然后研究人员将用户对企业自身和竞争对手的产品或服务的感知记录到质量展开图的右边。

（3）提出设计要求。设计要求位于质量展开图的顶部，根据行业领域的不同，设计要求由不同的人员提出，如在传统的制造业中由工程师提出，在服务业中由质量专家提出，在互联网行业中由产品经理提出。

（4）设计相关性。设计相关性是指各种满足用户需求的设计要求之间的关系，反映了它们之间的相关程度。这有利于对每个设计点进行整理，明确互相之间的影响，保证接下来的设计过程顺利进行。该部分位于质量展开图的顶部。

（5）整理用户需求与设计要求的关系。该部分是质量展开图的主体部分，主要呈现

---

① 福斯斯特 W. 布雷费格三世，美国，职业工程师，作为一个管理思想领导者和创新者，著作丰富，如《实施 6 西格玛》等。

的是用户需求与设计要求之间的相关关系，它们交织在一起，需要研究人员对它们之间的关系进行判断。

（6）检验。该步骤主要是针对设计要求进行客观的检验，检验对象包括自身产品和竞争对手的产品。

QFD 是一种用户需求的分类方式，在传统的制造业和服务行业中使用较多，主要关注的是如何将用户需求转化成产品的实际质量，以比较明确的形式展现一系列的相关研究和设计流程，指导下一步的设计制造。

3. KANO 模型

Kano 模型是 Noriaki Kano[①] 博士提出的与产品性能有关的用户满意度模型。该模型能对用户需求进行很好的识别和分类，体现用户满意度与产品质量特性之间的关系。该模型将用户需求分为 3 类：基本型需求、期望型需求和兴奋型需求，如图 5-13 所示。

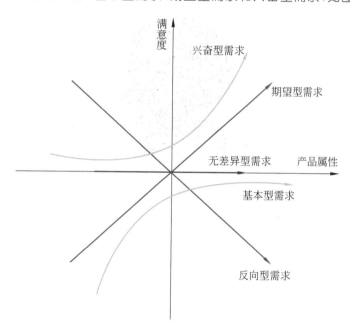

图 5-13　Kano 模型（根据《神一样的产品经理》中描述的 Kano 模型重绘）

（1）基本型需求。基本型需求即用户认为该产品必须具备的根本属性或功能，此类需求也是用户需求的痛点所在。产品缺少此类需求，用户的满意度会急剧下降，并且影响用户去探寻产品更高层次功能的欲望。基本型需求是在所有同类产品中都必须具备的，

---

① 狩野纪昭，东京理工大学教授，与他的同事 Fumio Takahashi 于 1979 年 10 月发表了《质量的保健因素和激励因素》一文，第一次将满意与不满意标准引入质量管理领域，并于 1982 年日本质量管理大会第 12 届年会上宣读了《魅力质量与必备质量》的研究报告。该论文于 1984 年 1 月 18 日正式发表在日本质量管理学会（JSQC）的杂志《质量》总第 14 期上，标志着 Kano 模型的确立和魅力质量理论的成熟。

是一种本质属性方面的需求,在用户看来是"理所当然"、"情理之中"的。产品满足甚至超额满足了用户的基本型需求,不会增加用户的满意度,但是若未满足,则一定会降低用户满意度,并且满意度的降低是无法通过其他增值功能所能弥补的。

例如,在美发服务中,用户的基本型需求是享受美发师通过娴熟的技艺为自己设计、打造合宜的发型的过程,如图 5-14 所示。如果在美发师技能和顾客满意的发型这两点上都无法满足的话,那么无论美发环境达到何种舒适程度,客户服务如何周到,用户的不满情绪依旧会增加。

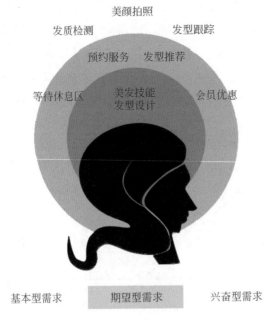

图 5-14 美发服务用户需求

(2) 期望型需求。期望型需求是指用户的需求能使产品所提供的功能更加优秀。在调查结果中会发现,期望型需求是需求最为集中的维度,是用户期望产品所具备的功能,此类需求在用户调研中也相对比较容易获得。在期望型需求的维度下,用户满意度与产品的属性呈现一种线性关系,即期望型需求在产品中实现得越多,用户满意度提升越快;反之,用户满意度会降低。用户的期望型需求转化成产品属性,能够提升企业的竞争能力,帮助从同质化产品中脱颖而出。

产品能够满足期望型需求的属性越多越好,例如,在数字照相机中加入 WiFi 功能、NFC 传输全景图像、防尘防水、专业处理软件等,都是提高产品竞争力的属性,如图 5-15 所示。

(3) 兴奋型需求。兴奋型需求是指产品提供给用户出乎意料的产品属性,使用户在使用过程中得到惊喜。这种产品属性往往是满足了用户的潜在需求所致,用户一般无法明确表达出该类需求。当产品属性未达到该类需求时,用户满意度不会受到影响;当产品

图 5-15　相机的用户期望型需求

属性满足了用户的兴奋型需求时,用户满意度会得到较大的提升,随之而来的便是用户的忠诚度和用户黏度的提升。例如,苹果手机的各种辅助配件和各类好玩的 APP 应用都满足了用户的兴奋型需求。

(4) 反向型需求。反向型需求是指用户希望某产品属性具有相反的特性需求,即用户根本都没有此需求,提供后反而会导致用户满意度下降。

(5) 无差异型需求。无差异型需求是指用户对某产品属性的存在不关心或不感兴趣,无论产品提供或不提供此需求,用户满意度都不会有改变,因为用户根本不会在意。

反向型需求和无差异型需求在 Kano 模型中属于其他类需求,在此不做扩展说明。

利用 Kano 模型进行需求评估主要集中于对用户需求类型的分类讨论。为了便于分析,设计师可设计相应的调研问卷。问卷中需要对产品的某项功能分别设置正向和负向两个问题:"如果产品有这个功能,您觉得如何?""如果产品的这个功能不存在,您觉得如何?";每个问题采用态度量表的形式设计选项,即"我喜欢这样","我期望这样","我没有意见","我可以忍受这样""我讨厌这样",具体问题形式如表 5-1 所示。

表 5-1　质量特性评价表

正向问题	APP 具有数据清零位功能,您觉得如何?				
	1. 我喜欢这样	2. 我期望这样	3. 我没有意见	4. 我可以忍受	5. 我讨厌这样
负向问题	APP 不具有数据清零位功能,您觉得如何?				
	1. 我喜欢这样	2. 我期望这样	3. 我没有意见	4. 我可以忍受	5. 我讨厌这样

经过访谈调研后,根据归类矩阵,将调研问题进行归类来确定需求的类型,如表 5-2 所示。

将问题结果输入模型矩阵中,就能够比较明确地看到,哪些用户需求是必须有的,哪些是用户期望的,哪些是可有可无的,哪些需求又是用户自己不确定的。将用户需求进行分类,去掉可疑结果的需求和相反的需求。

表 5-2　Kano 模型需求归类矩阵

用户需求		功能不实现				
		我喜欢这样	我期望这样	我没有意见	我可以忍受这样	我讨厌这样
功能实现	我喜欢这样	Q	E	E	E	L
	我期望这样	R	I	I	I	M
	我没有意见	R	I	I	I	M
	我可以忍受这样	R	I	I	I	M
	我讨厌这样	R	R	R	R	Q

在表 5-2 中,M 代表 Must-have,是基本型需求;L 代表 Linear,是期望型需求;E 代表 Exciter,是兴奋型需求;R 代表 Reverse,是相反的需求;Q 代表 Questionable,是可疑的结果;I 代表 Indifferent,是无关紧要的。

例如,在有关浴室柜功能属性的一项调研中发现,用户对于浴室柜的存储功能,52 人选择的是基本型需求,21 人选择的是无关紧要的需求;用户对于浴室柜的镜柜能够无须扭头便可照到侧脸的功能属性,16 人选择的是基本型需求,43 人选择的是兴奋性需求,10 人选择的是无关紧要的需求,20 人选择的是期望型需求。计算每个功能属性在不同需求类型中的频率,数据如表 5-3 所示。

表 5-3　Kano 模型功能属性评价结果

功能属性	E(%)	L(%)	M(%)	I(%)	R(%)	Q(%)	分类结果
存储	0.9	12.4	46	18.6	8.8	13.3	M
无须扭头的镜柜	38	17.7	14.2	8.8	7.1	14.2	E

根据频数最大优选法分析可知,浴室柜的存储功能属于基本型需求,镜柜的功能属于兴奋型需求,这也是在后期的设计浴室柜的功能属性的一个重要依据。

Kano 模型是一个二维模式下的用户满意度模型,随着时间的延续,几个维度之间可以实现相互转化,所以要时刻关注用户需求的变化。

例如,在触屏手机还未成为潮流之前,用户不会想到在手机屏幕上进行各种手势交互操作,此时触屏设计便是一种无差异的需求;但是在触屏手机开始逐渐显露端倪并在智能手机中使用的时候,全新的交互体验使得它们成为用户的新宠,此时触屏设计便成为一种兴奋型需求;在发展初期触屏技术普及度不高,所以市场中的触屏手机属于一种较为高端的技术,此时需求转化为期望型需求;但是发展到如今,触屏手机已经相当普及,技术也不再是设计的壁垒,用户此时也认为触屏设计已经是智能手机的一种理所应当的属性,该需求成为了一种基本型需求,如图 5-16 所示。

用户满意度是随着时间维度呈现动态变化。在一段时间内的用户需求被满足,用户满意度会增加,但是过了这个时间段后,用户又有了新的需求,尽管曾经这个需求已经被满足了,但是需求满足的时间已过,"物是人非"境况下用户满意度依旧会降低。所以,用

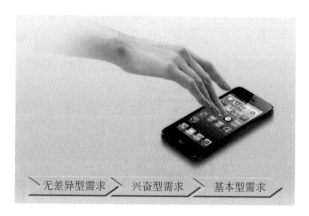

图 5-16　需求维度转化

户需求会随着时间变化,评估用户需求时要注意时效性。在 Kano 模型图中引入时间维度,成为了 Kano 扩展模型,可直观看到用户需求与满意度的动态变化,如图 5-17 所示。

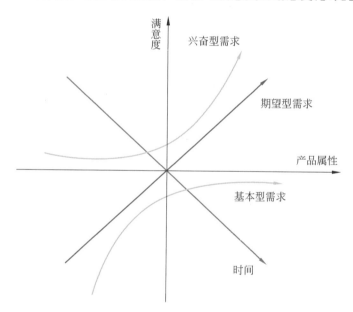

图 5-17　Kano 扩展模型(根据《神一样的产品经理》中描述的 Kano 模型扩展图绘制)

4. A/B 测试

针对不同的产品,用户需求会呈现不同的特点。当同一项用户需求存在两种解决方案的时候,便出现了决策的难题,团队内部成员间或者团队与客户之间会出现分歧,这时就需要进行 A/B 测试,通过量化数据,进一步确认到底哪一个方案更合适。

在互联网产品中 A/B 测试较为常见。同实体产品相比,互联网虚拟产品具有产品上线快,更新迭代周期短,大范围测试操作相对方便等特点。在对一个网站的排版布局或者一个按钮的设计上难以抉择时，进行 A/B 测试能够得到一个较有说服力的结果，并且其实现的综合成本较低。比较常见的案例是对网站注册页进行 A/B 测试，确定哪一个方案的注册率高，更加满足用户的需求，以实现的商业利益最大化，如图 5-18 所示。

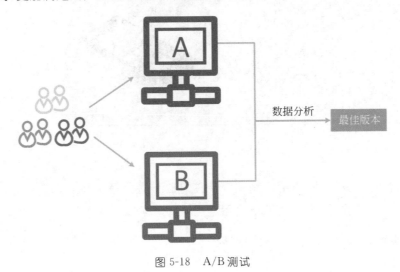

图 5-18　A/B 测试

值得注意的是，在进行 A/B 测试时，每次必须只测量一个变量，多个变量测试，则无法判断是哪个变量导致的结果；测试的环境应当一致，例如测量时间应一致。因为在不同的时间段，用户的访问量会有变动；测试的样本流量要具有统计学意义，样本流量太小时，无法体现在线用户的真实行为。

■ 5.1.5　确定目标

目标是个人、部门或整个组织所期望的成果，是行为背后的驱动力。产品的功能和行为必须通过一系列的任务来达到目标，但是任务只是实现手段，目标才是最终要达到的结果。

1. 产品目标

一般来说"商业目标"或者"商业驱动因素"是人们经常用来定义商业战略层面内容的词汇，此处的"产品目标"来自于 Garrett 在《用户体验要素》一书中的阐述。在此书中所关注的是产品本身所能够达到的结果，免去太广义或者太狭义的定义影响。

产品目标也代表了公司或企业的一种可持续的价值主张[①]，它以解决用户困扰或满足用户需求为最终目的或结果。从企业自身角度来看，产品目标要实现风险和成本控制，

---

① OSTERWALDE A, PIGNEUR Y.商业模式新生代［M］.王帅，毛新宇，严威，译.北京：机械工业出版社，2011.

由市场驱动销售,降低价格来实现同质化的价值,专注于产品以达到利益的最大化,实现品牌形象的塑造;而从用户角度来看,产品目标为他们解决了困扰,提供了行为的便利性和可达性,通过消费来实现自身的价值、品位等需求。

例如,在《商业模式新生代》一书中提到的苹果公司的商业模式,如图 5-19 所示。从图中可以看出,处于核心位置的价值主张是"无缝音乐体验",让用户实现轻松搜索、购买和享受数字音乐的体验过程。在该价值主张(产品目标)的驱动下,升级 iPod 产品以完善硬件设备,建立在线音乐商店提供资源支持,与唱片公司合作改善销售模式,最终满足了用户的享受音乐的需求,同时也实现了在同行业中的主导的地位。

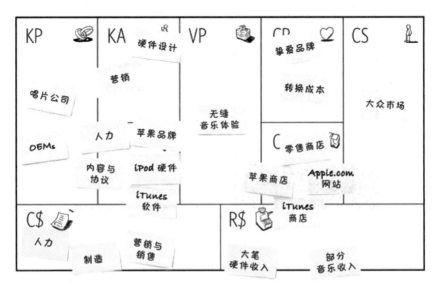

图 5-19　苹果 iPod 商业模式画布(图片来源:《商业模式新生代》)

2. 用户目标

Alan Cooper 在《交互设计精髓》一书中,依据 Norman 提出的本能层、行为层、反思层这3 种认知处理层次,提出了 3 种对应的用户目标:体验目标,最终目标和人生目标。

(1)体验目标。体验目标阐释了用户在使用产品过程中所期望的感受,其中用户的体验是核心。目标代表了一种期望的意愿。"用户体验"一词最早是由 Norman 在20 世纪 90 年代提出和推广的,随后在行业中被广泛认知和使用。用户体验关注产品使用过程的前期、中期和后期所产生的全部感受,包括情感、偏好、认知、行为模式、内心成就等各个方面。体验目标是用户在使用产品时所期望的能够达到的一种体验的结果,也是用户由本能层驱使所产生的一种内在心理动机。

交互设计师需要关注用户的体验目标,转化为产品中的视觉、物理、功能等相关特性,满足用户在视觉、感官、行为、心理、情绪和成就等方面的感受,通过产品使用的整个过程,达成用户的体验目标。例如,Clear 这款管理待办事项清单的应用的特点是在一个界面中，所有的交互都可以通过手势操作完成，如图 5-20 所示。尽管由于其手势操作过于繁多和复杂，应用整体的使用效果、用户学习负担较重等原因，使得这并不能算一款十分完美的应用，但是其通过手势和界面的视觉划分来帮助用户管理代办事件，让用户使用项目管理型应用的体验目标达到了一种新的层面，使 Clear 在同类产品中具有比较突出的优势。

图 5-20　Clear 一款管理待办事项清单应用

(图片来源：Clear 日程管理手机客户端)

（2）最终目标。体验目标使得用户的心理产生期望，而期望结果的实现便是最终目标。在心理期望的内在驱动下，用户的本能层和反思层行为受到影响，在体验过程中对产品的使用行为、任务、外观进行认知处理，判断其为该产品付出的金钱、时间花费是否值得。最终目标是设计的基础，直接影响产品的外观、视觉、交互等一系列特性的布局和呈现。最终目标是决定产品整体体验最为显著的因素之一，把握用户的最终目标及其对应的心理模型，能帮助设计师进行恰当的产品、行为和体验设计。下面是一些最终目标的例子：

- 找到商城最新打折的商品。
- 在问题出现之前给出提示。
- 每天凌晨清空当天已完成事项。
- 定期收到自己账户的收支信息。

（3）人生目标。人生目标表达了用户更高层次的心理需求和渴望，超越了产品的本身。人生目标是一种更深层次的内在动机，它不是通过独立的产品实现的，而是将环境、场景、过程、体验等一系列内因和外因共同作用的结果。努力将用户的人生目标转化成产品的高层次功能、体验和品牌影响力。尽管人生目标的概念显得过于抽象和庞大，几乎难以涉及具体产品的功能、外观、界面和交互行为设计。设计师对于用户人生目标的实现仍需保持必要的敏感度。在实现体验目标和最终目标的前提下，如果产品能让用户向着他们的人生目标迈进一步，那么产品的用户人数会呈现急速的增长，用户的体验程度也会实现一种质的提升，用户黏度和用户忠诚度就会得到显著提高，如图 5-21 所示。

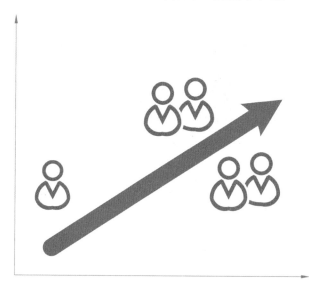

图 5-21　实现人生目标，提高用户忠诚度

体验目标，即用户想要感受什么，影响体验目标的因素可归纳为效率、成本、价值和意愿；最终目标，即用户想要做什么，是设计产品行为的基础；人生目标，即用户想要成为什么，将用户个人角色和产品联系起来，实现用户长期期望、动机和自我形象的塑造。

■ 5.1.6　用户潜在需求挖掘

用户潜在需求是从用户的心理认知模式来划分的。它是指用户虽然有明确的意识和欲望，但是由于种种原因还没有明确显示出来的需求，可理解为消费者尚未意识到的、朦胧的、没有明确的要求的需求。

用户潜在需求的产生是一个复杂的过程，与消费者自身的知觉和认识能力有关。[①]知觉和认知能力是用户在对外界事物不断探索的过程中产生的，在这一过程中也产生了各种各样的需求。潜在需求的产生会受到人体对刺激存在感知缺陷，认知选择会受到外部因素限制，存在自我内在解释机制，认知能力差异性较大等原因影响。用户的潜在需求产生如图 5-22 所示。

潜在需求和隐性需求在定义上有相似之处，但是区别也十分明显。潜在需求是存在

---

① 毛宇翔. 隐性需要的信息源及挖掘体系研究[D]. 杭州：浙江大学，2002：12-18.

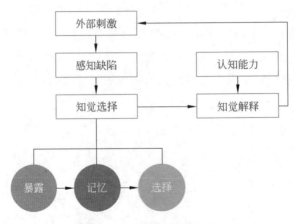

图 5-22　潜在需求的产生

的,但是处于被抑制的状态。用户知道市场中存在解决相应需求的产品,但是不在当前阶段消费行为之中,在将来某个阶段可能会需要。从消费行为学的角度来看,潜在购物需求受到用户自身的购买能力、购买意愿及提供的产品服务等因素的影响,还未形成购买行为。隐性需求则不同,隐性需求是指用户存在欲望和需求,但是对能够满足需求的产品和服务没有了解,不知道如何满足这种隐性需求。当用户发现这种能够满足需求的产品或服务时,隐性需求则会转化为显性需求,并产生相应的消费或购买行为,如图 5-23 所示。

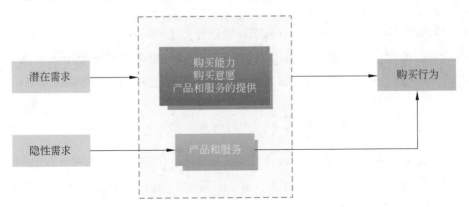

图 5-23　潜在需求与隐性需求差异

　　潜在需求不是强需求,更不是弱需求,而是一种被暂时掩盖或受到外部条件抑制而无法形成购买行为的需求。潜在需求依附于现实需求,因此企业和设计师应该引导甚至创造用户的需求。汽车制造业巨头亨利·福特说过,"如果我问我的客户想要什么,他们会告诉我:一匹更快的马。"说明用户有对提高速度、节省时间的需求,但是由于没有相应的产品(汽车)提供,用户对于汽车也没有相应的认知,自然不会有购买意愿,对于汽车产业来说,这种潜在需求并没有产生相应的购买行为,如图 5-24 所示。伴随着经济的发展,汽车制造业繁荣起来,用户购买力以及购买意愿都达到了相适宜的水平,用户的潜在需求开始转化为现实需求,汽车的消费行为开始变得普遍。

图 5-24　向左,还是向右?

满足用户的潜在需求,能够刺激用户产生消费行为,为企业带来利益。因此对于用户潜在需求的发掘就显得尤为重要。在发掘用户潜在需求的行为中,互联网和移动互联网领域中的产品经常通过一些营销手段实现,引导并创造用户需求。例如,小米手机的饥渴营销策略,软件或大型网络游戏的内部测试用户等刺激用户需求,将潜在需求转化为现实需求,进而带动广大用户消费行为的产生,如图 5-25 所示。

图 5-25　网游内测

(图片来源: http://tx3.163.com/)

用户潜在需求的发掘,需要从用户的角度去获取,使用定性与定量研究方法,利用心理学、经济学、消费学等领域的知识进行探究。在定性研究方面,ZMET 就是这样一种用于发掘用户潜在需求的方法。

扎尔特曼隐喻抽取技术(Zaltman MetaphorElicitation Technique,ZEMT)是由哈佛商学院扎尔特曼教授于 1995 年在其所著《看见消费者的声音——以隐喻为基础的研究方法》一文中提出的一种能够深入探究人类内心想法与感受的调查技术。最初主要应用在广告研究领域,后来涵盖探索人类心智活动的各个研究领域,包括市场营销、品牌定位和产品设计。

ZMET 旨在结合非文字语言(主要是图片)和文字语言(深入访谈),以消费者为主体,选择图像为传播媒介,借用图像中视觉符号的隐喻功能,诱发出消费者心中深层的想法与感觉,通过建立心智模型图来呈现对特定议题认知的结果①,进而挖掘用户潜在需求的内在动机。Zaltman 隐喻诱引技术以心理学主流认识成果为基础进行假设,即大部分的社会交流是非语言的,隐喻是认知的中心,认知根植于亲身体验之中,思想的含义由它与其他思想的关联性体现,理性、情感和体验共存。

由于受到用户社会背景、知识背景、认知层次等自身条件的限制,很难对不同用户进行严格地定量研究,所以使用 ZMET 方法,结合用户情绪认知理论和 Kano 满意度模型的引入,进行定性研究。ZMET 提供了一个开放的刺激环境,让用户心理随意想象和解释,最后将受访者共同的解释和感受进行连接组合。这个结果能反映所有受访者的客观共识,较之大多数用户需求调研方法更有现实意义。ZMET 是一种研究成本相对较高的方法,耗时长,执行过程烦琐,过程中不可控因素过多,后期的分析需要专业的知识和技能。

ZMET 的操作流程可以归纳为招募受访者、引导式访谈、信息归纳整理、构建共识图、得出结论 5 个步骤。

(1)招募受访者。一次完整的调研过程需要征集 8~20 名受访者。研究者向受访者讲明本次研究的主题,并让受访者用 7~10 天通过各种途径收集图片。这些图片要能够代表受访者对本次研究主题和内容的理解和感受。

(2)引导式访谈。引导式访谈能够深入探究用户的内在真实想法。需要研究者与受访者分别进行一对一的,约 2 小时的引导式访谈。首先要求受访者描述他们所收集的图片和图片与课题的联系,之后给予受访者一定的时间将其需要却没有找到的图片进行描述,以补充自己的感受。在以后的步骤中,将这些感受同等处理。该步骤也是隐喻抽取技术的核心部分,分为 10 个步骤进行,如图 5-26 所示。

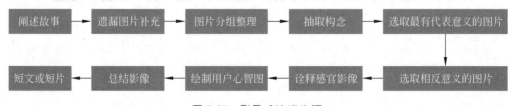

图 5-26　引导式访谈步骤

(3)信息归纳整理。在访谈结束之后,要求受访者按照一定的类别将所有图片进行分组,并且为每个组添加一个描述性的标签,然后受访者抽取其中最感兴趣的 3 个标签,描述标签对应的 3 组图片中任意两组之间的相似之处,以及这两组图片与另一组的不同之处,此时即得出受访者对研究目标的情绪及情绪与需求的相关性,据此整理出每名受访

①　杨颂,蒋晓.基于 ZMET 的产品设计用户潜在需求发掘方法研究[J].大众文艺,2012(4).

者的二维意象尺度坐标图。该步骤运用了 Kano 模型理论的思想,有助于建立受访者对研究主题的构想(Construct)以及各种构想之间的联系。

(4)构建共识图。将受访者总结的标签进行组合,构建出每一名受访者的心智模型图,明确各种构想的关系。根据"大多数时间、大多数人的大多数想法"这一原则,研究人员对受访者中的成对需求进行分析,并构建共识图[1]。这里有两个量化的标准:超过 1/3 的受访者提及的构想以及超过 1/4 受访者提及的成对构想才会被纳入共识图。共识图包含了大多数受访者的构想,具有较高的普遍性与准确性。共识图中的构想即是目标研究产品的用户潜在需求,覆盖率越高的构想指导意义越高,如图 5-27 所示。

(5)得出结论。通过视觉、数字影像、视频短片等描述重要构想和共识关系,以此了解受访者的隐喻,得出结论,再根据共识图总结得出结论,撰写结论性文档。

由于隐喻抽取技术可以将用户潜意识深处的构想显性化,从而被意识察觉;运用于用户研究领域,则可深入用户内心深处,挖掘用户真实的想法和意图。

■ 5.2　用户认知分析

走在马路上,人们会依据眼睛看到交通指示进行活动;在餐厅里,色、香、味俱全的菜肴让他们胃口大开……用户时刻接受着外界给予的各种刺激信号。长久以来,各种感知结果和各种生活经验构筑成了用户固有的认知。认知源于经验的积累,有助于快速理解外部世界的新事物。

产品符合用户认知,能够降低用户使用的认知成本,降低思考强度,提升操作效率。因此,设计之初对目标用户的认知特征进行分析,有利于准确把握产品设计方向,提高用户的接受程度。

■ 5.2.1　用户认知分析概述

人们的日常行为中充满了各种认知。用户认为自己的各种行为都是理所应当、自然而然,而且往往都是一些无意识的、不去留意的行为。其实从心理学研究的角度来看,里面包含了复杂的运作机制,大脑中认知处理的复杂程度令人惊讶。也正是这种不可察觉的特性,逐渐构建起了人们特定的认知模式和行为习惯。

认知心理学作为西方的一种心理学思潮,兴起于 20 世纪 50 年代中期,20 世纪 70 年代成为西方心理学的主要研究方向,主要研究人的内部认知过程。认知心理学的发展过程中不断受到其他学科的影响,同时也对计算机科学、语言学、进化论、人类学等学科的发

---

① 徐卉鸣. 基于 ZMET 方法的虚拟礼物用户情感体验研究[D]. 无锡:江南大学,2012.

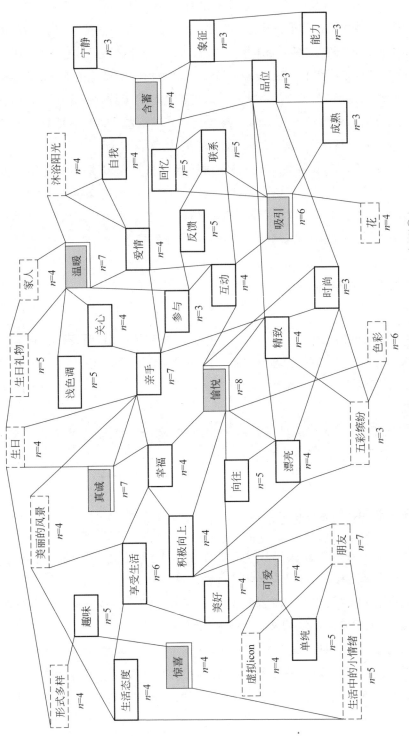

图 5-27　虚拟礼物用户情感体验研究受访者共识心智图 ①

① KANO, et al. Attractive Quality and Must-Be Quality[J]. Hinshisu, 1984.

展做出了贡献。^① 当代认知心理学中包括 4 种主要研究范式：信息加工、联结主义、进化论和生态学，如图 5-28 所示。其中，信息加工研究范式强调的是信息的输入、输出、存储、转换等机制。

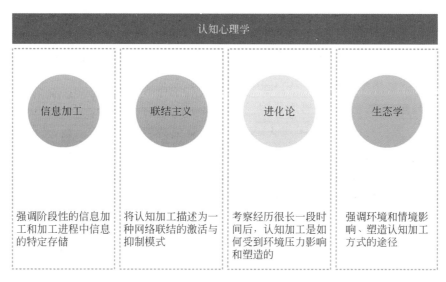

图 5-28　认知心理学研究范式

通过对认知心理学的研究，设计师能够了解用户使用产品的内在推动机制。去除表象回归本质，能够让设计师更好地理解用户，消除设计师与用户间的认知鸿沟。将用户认知引入设计研究中，有助于使产品具有良好的用户体验，从更深层面与用户的日常生活建立和谐关系。因此，在设计中引入认知心理学的方法十分必要，交互设计师应当掌握用户对产品的认知情况。

5.2.2　感知

感知是人类将自身感知器官接收的外界信息进行处理之后，产生的对周围世界的解析。^② 人通过视觉、听觉、触觉等器官收集信息，帮助感知外部的世界。产品与用户感知之间的联系，最直观的便是视觉感受（当然不排除味觉、嗅觉等因素），其次才是在使用过程中产生的触觉等其他感受。

用户对于产品的感知，并不是对产品绝对真实的描述，很大程度上是用户期望感知到的内容。《认知与设计：理解 UI 设计准则》^③一书的作者 Johnson 认为，有 3 种因素影响用户的预期，也因此影响着用户的感知。

① GALOTTI K M. 认知心理学［M］吴国宏，等译. 西安：陕西师范大学出版社，2005.
② 赵楠. 基于认知心理的购物网站用户界面设计研究［D］.无锡：江南大学，2012.
③ JOHNSON J. 认知与设计：理解 UI 设计准则［M］，张一宁，译.北京：人民邮电出版社，2011.

（1）过去：用户的经验。

（2）现在：当前的环境。

（3）将来：用户的目标。

1. 经验影响用户感知

如今，各种互联网产品层出不穷，市场中每类产品都充斥着众多竞争者。当海量产品扑面而来时，大多数用户很快便从小白用户（没有产品相关知识的用户）转换成为中间用户、发烧友甚至专家用户。随着用户身份的转变，随之而来的是用户对产品认知的形成、发展、巩固、扩展和升级。这种用户认知的发展无疑会刺激产品不断更新、升级，用户也会逐渐对产品形成自身的固有认知习惯，也就是人们常说的经验。

过去的经验让用户更加睿智，但是也会让用户对新事物的判断产生偏差。尽管不会发生"黑天鹅现象"颠覆用户的认知，但经验、预期引起的盲目性，感知系统对于即将看到内容、操作行为的预期依旧会影响用户的认知结果。如图 5-29 所示，不同客户端的"确定"按钮并不都在同一位置，如果用户习惯于某一应用的话，使用其他应用退出客户端时，习惯会让自己出错。

图 5-29　经验影响用户的感知——不同的"退出"按钮位置

（图片来源：爱奇艺、搜狐手机客户端）

多图片的静态引导页面主要是侧滑为主，进入客户端时往往需要点击操作，会对操作的流畅性造成阻碍，如果应用能够延续手势惯性继续滑动进入应用时，用户也会"惊讶"一下吧，如图 5-30 所示。

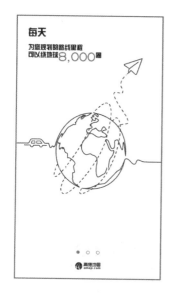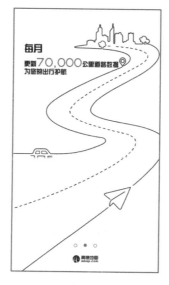

图 5-30　经验影响用户的感知——滑动与点击操作

（图片来源：高德地图手机客户端）

2. 环境影响用户感知

这里的环境并不是指用户与产品之外的环境，而是侧重于产品自身构建的承载用户目标的小环境。最简单、直观的便是对视觉的影响。

人的视觉感知系统不仅是一种自上而下的加工过程，其中也存在自下而上的加工机制。也就是说，人类视觉会吸收目标周围的环境特征，刺激产生神经冲动，影响认知结果，如图 5-31 所示。

THE CHT

图 5-31　环境影响用户的感知

（图片来源：《认知心理学及其启示》①）

同样形式的字母，一个会看成 H，另一个则被认为是 A，这就是人的认知判断受到实际目标环境的影响的结果。

---

① 约翰●安德森 . 认知心理学及其启示［M］. 7 版. 秦裕林，等译. 北京：人民邮电出版社，2012.

3. 目标影响用户感知

用户使用产品的目的不同,对产品的整体认知也存在差异。用户的注意力能够集中于自己的目标之上,让他们更加快速、准确地定位目标,但这样也会让他们的视野像望远镜中的景物一样变窄,锁定了目标,但失去了对周围更多景物的感知。

用户的目标不同,自然会影响到对整体的判断。最好的案例便是一款著名的游戏《找你妹》,如图 5-32 所示。各种物品散乱地出现在屏幕中,用户需要在其中找到特定的目标物品。此时用户的认知中只存在一种或两种目标,对于其他物品基本上会视而不见。

图 5-32　游戏《找你妹》

(图片来源:《找你妹》游戏手机客户端)

目标让人的感知系统自动过滤掉了与目标无关的信息,而让自己更加专注于目标任务。感知是一种主动行为,而不是被动接受,因此当用户确定目标时,便会将注意力集中于此,同时提高对目标的敏感度。感知行为的主动性影响了用户对目标产品全局的感知,某些情况下会产生感知偏差,但是如果在网站导航或是其他内容中优化,可能会成为用户目标的内容,那么对用户体验的提升会起到意想不到的效果。

■ 5.2.3　注意

人们常常会在坐车的时候因为专注地玩手机而坐过站;在专注地工作时,人们常常被计算机屏幕上弹出的消息吸引。注意力是一种消耗性资源,人们通常只能将注意力集中于某一件事情上,而无法一心二用。意识的集中性和专注性是注意力的本质所在,他们必须停止其他正在进行的任务来集中注意力资源。

注意力既然是有限的,那么用户也不会毫无节制地过度消耗,从而长期形成了自身相对固定的使用模式,尤其是针对智能电子产品时,往往会依据这种早已形成的模式习惯行事。Johnson 在《认知与设计:理解 UI 设计准则》一书中,针对用户使用界面特征,将注意力的使用模式概括如下。

(1)用户专注于目标而很少注意使用的工具。这是注意力有限最直观的表现,当将注意力转移到工具时,用户是无法关注任务的过程和细节的。

(2)用户使用外部帮助来记录正在做的事情。既然注意力有限,应当节省使用。用户会利用周围环境特征或者主动营造标志特征来帮助自己在中断后完成任务,分类文档或是各种标签的作用正在于此。这种做法减少了注意力的使用强度,当再次回到任务中时,消耗较少的注意力资源就能快速找到目标。

(3)用户跟着信息气味靠近目标。信息气味的概念源于"信息觅食理论",它是指将动物的觅食行为借鉴到用户在网络环境中搜寻信息的行为上。很容易理解,当信息所散发出的"气味"与用户的目标相一致时,很大程度上这就是目标信息,用户便会继续循迹而去。

(4)用户偏好熟悉的路径。熟悉源于习惯的养成,熟悉的内容能让用户在消耗很少认知资源的情况下完成任务。虽然还可能存在更好的方法,但是用户有时就是不愿去尝试自己不熟悉的方式。

(5)用户的思考周期。用户的思考周期为目标→执行→评估。人类行为学研究表示,人的行为存在很多周期性模式。用户在任务周期里都在重复着这样的循环,直至达到最终的任务目标。

(6)完成任务的主要目标之后,用户经常忘记收尾工作。这依旧与注意力资源的稀缺性有关。在完成任务的主要目标后,用户在相对不重要的细节上的注意力会减弱,因而忘记最后的结束工作。

在设计中,用户的注意力是一种需要引导的目标,因此需要将其引导到目标事件和目标任务上来,把握用户注意力,实现产品与用户间的有效沟通。用户的注意系统不是机械和严格限定的,而是一个可变通的系统,多维度、强刺激的内容同样可以使用户的注意力保持稳定。在产品使用的过程中,用户的注意力也是一直变化的,存在多种需要耗费注意力的情况,但是只要将这种注意力进行合理的引导,不出现注意力耗费过多的情况,便能够给予用户舒适的操作体验。需要将用户的注意力从操作流程中吸引过来的情况很多,主要包括新任务提醒、错误提示、操作状态改变等情况。当产品在不同状态下目标的不同,应该使用不同的设计策略,对用户的注意力进行合理的导向,使用合理的设计方法,如图 5-33 所示。

- 色彩:用于提高可辨识度,创造视觉差异。
- 字体:转换字体模式,可以突出目标。
- 动效:静态界面中的动态效果能够有效吸引用户注意。

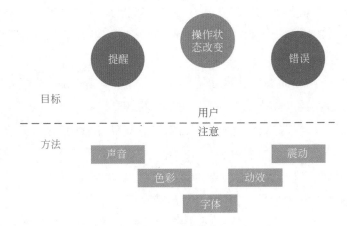

图 5-33   规划设计目标,吸引用户注意

- 声音:减弱视觉注意的压力,提高目标可捕捉程度。
- 震动:触觉易于给用户带来新体验。
- 其他:多种方式并行使用。

■ 5.2.4   记忆

在心理学领域,记忆可分为短期记忆和长期记忆,短期记忆可能没有对信息进行存储和加工,而是将感知和注意到的外部信息暂时存放起来,这部分信息只有经过加工和存储后,才可能转化为长期记忆留存下来。关于记忆的各种测试有很多,在此不再赘述,耳熟能详的可能就是短期记忆的 7±2 法则。

1. 短期记忆

短期记忆具有低容量和高度不稳定性的特点,心理学家从空间理论的角度将其解释为新内容将旧内容"挤"了出去。长期记忆是一种大脑的存储机制,但是易于出错,会受到情绪的影响,输出的结果也可能出错。

针对不同的记忆特征,用户在产品使用上也存在着不同的需求。短期记忆主要是与任务流程中的细节和用户的关注点相关。因此在设计中需要注意如下几点(具体设计原则,如导航条不要超过 7 条等,在此不再赘述)。

(1)固定模式。固定的设计模式有利于培养用户的使用习惯,减少短期记忆的使用。

(2)及时反馈。及时的反馈能保证交互流程的流畅性,有助于在短期记忆内完成当前的任务细节。

(3)操作与结果的高度可视性。提高操作目标或输出结果的可捕捉程度,即时呈现相似的内容,可减少短期记忆的压力,缩短记忆时长。

2. 长期记忆

长期记忆的形成与用户习惯的培养相关,因此在产品的设计过程中,一致性的问题需要着重考虑。应从整个设计框架和流程的高度培养用户习惯,使之形成长期记忆,提高体验的一致性和稳定性。

尽管用户对于记忆的使用很熟练,但是人类大脑的运作机制是"优识别、拙记忆",因此在产品的设计当中,较高的可识别性相对于需要靠记忆来完成的任务可使用户消耗更少的认知资源,体验也会更好。

5.3 使用情境分析

在用户体验的设计中,有一个与产品、用户本身似乎关系都不紧密,但又确实令设计师和用户研究人员十分重视的因素,就是产品的使用情境。情境体验学说很早就在教学过程和顾客购买行为研究中被提出并广泛应用。随着移动互联产品的普及,源于认知心理学的情境设计在用户体验研究和评估中逐渐受到更多的重视,用以帮助提升产品的用户体验。

5.3.1 产品使用情境概述

经常会见到这样的情形:上班族在上下班高峰时间乘坐地铁的时候,往往会看新闻、小说或者喜欢的视频;晚上睡觉前,也会习惯性地躺在床上,刷社交网站,看节目,甚至在热闹嘈杂的聚会上,都会人有时不时地使用手机,如图 5-34 所示。

图 5-34 不同的产品使用情境

可以说,在地铁车厢、家中卧室和聚会餐厅这 3 种场景中,用户打开的手机应用种类基本上是一致的,但是用户的具体操作行为却有着差异。由于地铁里人多混杂,用户除了需要手扶、依靠之外，为了防止随身物品被盗，基本上只会单手操作；卧室是一个十分私密、安全的环境，用户在此可以安心地以自己感到舒服的姿势操作手中的设备，以双手操作为主；在聚会时翻看手机，用户很少有连续长时间的使用，具有间断性、高频次的特征。

用户行为都离不开实际的操作环境，无论是在家中还是在户外，特定的使用情境也导致了同一种应用有不同的用户使用行为。可以说，情境也决定了用户的行为。

用户与产品之间产生交互行为，输出交互结果。这种关系的产生是在外部情境的大环境下发生的。其实用户与产品之间的联系，是存在于情境之间，是通过情境相联系的，用户与产品在闭合的环境中产生联系，如图5-35所示。

不同的情境会催生不同的用户需求，正如在家中和地铁中使用手机的用户其使用习惯是不同的。好产品的界定绝不是能够满足用户所有的需求，而是能在特定使用情境下实现交互的自然与顺畅，能够满足用户的核心需求，提升用户体验。

图5-35　用户、产品、环境之间的关系

■ 5.3.2　情境影响因素分析

对于情境影响因素的分析，主要来源于学者对于情境感知系统的研究。目前有了两种划分方式，一是从用户的角度，将情境因素划分为与人（包括用户信息、社会环境、用户任务等）相关的情境和与物理环境（位置、设备等物理条件）相关的情境[1]；二是内部情境（Internal Context，描述用户本身状态）与外部情境（External Context，环境状态）的划分[2]。

无论是用户情境还是内部情境，其研究内容都与用户自身的个体状态、行为偏好有关，这与上文中讲述的用户需求、用户认知等方面存在交叉，在此不再赘述。本节只重点介绍特定环境下的用户特定姿态，以及物理环境或外部环境因素基于用户任务的外部环境因素，详见表5-4。

实际生活中，产品的使用情境多种多样，十分丰富，这也从侧面反映出互联网产品使用范围的广泛性。不同的任务形式，都会衍生出与物理状态对应的用户姿态，这在整个交互系统的设计中也是需要重点考虑的。

①　SCHMIDT A，BEIGL M，GELLERSEN H W. There is more to context than location[C]. Proceedings of Workshop on Interactive Applications of Mobile Computing，1998. Rostock，1998：1-5.

②　GWIZDKA J. What's in the context? A Position paper presented at the Workshop on The What，who，Where，When，Why and How of Context-Awareness[C]. ACM SIGCHI Conference on Human Factors in Computing Systems. The Hague，Netherlands. 2000.

表 5-4　情境因素划分

情境		特征描述	
用户姿态	姿势	站、坐、行、躺、趴、卧……	任务
	握持	单手、双手	
	静止/运动	屏幕内容是否清晰	
物理特性	网络	网络加载速度	
	环境光	强光下是否看清屏幕	
	噪声	干扰输出结果的清晰度	
	距离	双眼与屏幕距离	
	横竖屏	全/半屏智能切换	

■ 5.3.3　用户姿态

在 PC 上运行的产品,用户主要的使用姿态为坐姿,且姿势较为固定。但是进入移动互联网时代,设备不断升级,体积不断减小,技术含量不断提升,用户的使用姿态也从坐姿中解放出来。新兴的智能可穿戴设备,对于用户的使用姿态更加关注,无论是走、跑或者其他活动,产品与用户之间的交互依旧会进行,因此,产品与用户的使用姿态之间需要相互匹配,保证交互行为的持续性和关联性。

依旧以地铁上观看视频的上班族为例,由于车厢晃动、人员拥挤等原因,需要手扶或倚靠在车厢内,单手操作移动设备是主要的使用姿态。

视频类应用以内容为主,用户的使用习惯主要为横屏观看,因此应用的横屏播放器界面的交互操作,需要考虑到用户的实际情况,不仅要满足最舒适情况下的双手操作,也应保持在单手握持时的基本操作目标的实现,如图 5-36 所示。

图 5-36　视频应用操作集中在右侧,便于用户右手单手操作

根据腾讯用户体验部门对于平板计算机(平板电脑)的调研显示,平板计算机的用户使用姿势中,最常用的是坐姿,而躺着和趴着两种姿势的使用频率紧随其后,而这也就导

致了一种奇怪的现象——砸脸,即设备不小心从手中滑落砸到脸部,如图 5-37 所示。可能这种现象也会催生另一批平板计算机辅助产品的设计出现。

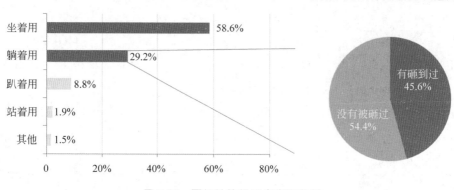

图 5-37　平板计算机用户坐姿数据

（图片来源：http://qzonestyle.gtimg.cn/touch_proj/proj-pad-report/detail.html ）

■ 5.3.4　网络

现在的 WiFi 覆盖范围越来越广,网络对于应用的使用限制变得不明显。但是在户外、二线、三线城市甚至城镇之中,2G、3G、4G 网络的使用依旧比较普遍。对于一款成熟的产品,关注其用户群体的网络特征也是优化体验的重点。对不同的网络选择的用户心理关注度不同,以及每种选择下的用户群体规模,也从侧面反映了产品的相关问题,如表 5-5 所示。

表 5-5　不同网络环境下用户关注点不同

网　　络	特　　征	用户关心的问题
2G	网速较慢	图片内容延迟,加载时间,流量控制
3G	网速较快	页面流畅浏览,流量控制
4G	网速极快	高清播放体验,流量控制与切换
WiFi	网速快,免费	信号强度

针对不同的网络环境,产品开发过程中会给予不同的判断标准,此时产品的内容加载策略也需要调整,以保证用户的体验效果。

（1）网络通畅状态。WiFi 网络强度好,页面内容加载能够顺利实现。

（2）弱网状态。WiFi 网络不稳定或信号时断时续,此时产品的后台缓存便尤为重要。

（3）2G、3G 或 4G 网络。在非 WiFi 环境下,产品使用时会涉及流量费的问题。为了避免用户的流量超支,必要的网络状态提示十分必要,让用户明确当前的使用状态,避免在金钱方面造成损失。

（4）无网状态。此时相关的网络操作都会暂停,需要提示用户检查网络设置。

在不同的网络状态下,加载结果也影响到用户使用的流畅性、等待时间、注意力疲劳等问题,对用户的使用体验影响极大。依据网络环境调整加载策略,也是一名合格的交互设计师需要做到的,体现了设计师对产品细节的关注,而不能认为这仅仅是产品经理或开发人员的分内工作。在《移动设计》[①]一书中,将常见的加载策略做了归纳,包括全页面加载、分步加载、懒加载、智能加载以及离线存储几种形式。

1. 全页面加载

全页面加载是指用户进入应用后首先见到的是空页面,页面中呈现加载状态,然后一次性加载出页面内所有内容,如图 5-38 所示。

图 5-38 全页面加载

（图片来源：爱奇艺、美团手机客户端）

在网络环境好的情况下,这种加载方一般只会呈现零点几秒甚至更短,此时,可以忽略不计,对用户的操作体验不会造成影响。但是当网络状态不理想时,全页面加载的时间就会变得十分漫长,这对用户的耐心是一个极大的考验,而且多数情况下,加载结果会失败,给用户体验带来损害。

2. 分步加载

分步加载是全页面加载的优化策略,是指页面内优先加载占用资源少、加载速度快的

---

① 傅小贞,胡甲超,郑元拢.移动设计[M].北京：电子工业出版社,2013.

文本内容,再加载图片、视频等耗用资源多的内容,以保证页面的友好性,不让用户长时间面对空页面等待,如图 5-39 所示。

图 5-39　分步加载

(图片来源:网易新闻、淘宝手机客户端)

分步加载时,由于图片或视频位置占据的空间较大,因此应用会普遍使用品牌标志作为当前的图片,减少页面的空白。

3. 懒加载

懒加载是指用户滑动浏览页面至顶部或底部时,才会触发页面的加载操作。这种触发可以是自动进行的,也可以是用户手动操作。这也是以内容为主的应用所普遍采用的加载策略,如图 5-40 所示。

4. 智能加载

智能加载是根据用户的当前的网络状态进行智能选择的加载策略,呈现的具体内容也略有差异。如果当前网络为 WiFi 网络,页面内容正常加载,图片、视频可正常观看;当用户使用非 WiFi 网络时,考虑到流量控制问题,页面加载内容会以流量消耗较少的文本形式呈现,或折自动降低加载图片的质量,默认不加载高清图片或视频。

5. 离线存储

尽管当前网络覆盖面积已经很广泛,但是用户因各种突发状况导致无网络或网络信号较差的状态依旧存在。此时,不论是打开应用时还是默认重新加载,当在耗费很长时间后提示加载失败,留给用户的是一个极不友好的空白页面,用户会很难接受。

图 5-40　懒加载

（图片来源：微博、无秘手机客户端）

为了优化这种不友好的用户体验，应用在设计中普遍会默认缓存当前页面数据。当用户在无网或网络较差状态下再次进入应用时，依旧可以很快地看到页面内容（此时应用后台正在加载请求新数据），当应用最终加载失败无法获取数据时，再提示当前处于无网络状态。

这种处理方式让用户可以在流畅的操作中了解到当前网络状况，优化用户体验。当然，离线缓存数据减少了同样内容的加载次数，节省用户流量消耗。

■ 5.3.5　环境光与噪声

用户可能会在光线充足的房间里使用手机，在阳光直射下查看手机地图进行导航，也可能在夜里熄灯后躺着刷朋友圈，可以说，用户可能会在各种光照强度下进行使用。不同的光线环境，屏幕亮度对于用户眼睛的舒适度自然不同。因此，对于应用的设计来说，产品与主要使用环境的光线强度相适应，也是关乎用户体验的主要问题。

户外强光下，由于移动设备材质的问题（黑莓手机使用的屏幕材料，能够在强光下看清屏幕，其他类型移动设备则使用的不同材料），用户往往看不清屏幕内容，自动调节亮度能够缓和该问题，但电量损耗也会随之增加。因此需要合理调节屏幕亮度，并可伴随语音提醒、语音阅读等功能实现应用的正常使用。

黑暗或者弱光下，屏幕的对比度应降低，减少长时间刺激产生的视觉疲劳。例如，大部分应用程序会设置白天/夜晚两种模式供用户选择，如图 5-41 所示。

与环境光相伴而来的，就是环境噪声干扰问题。户外环境嘈杂，应用的语音或者提醒

图 5-41　不同视觉模式

（图片来源：百度手机输入法）

功能往往被屏蔽；室内环境安静，很小的声音都可能干扰其他人。面对不同强度的外界噪声，应用的语音、提醒等相关功能应该如何设计，是需要设计师考虑的问题。

■ 5.4　本章小结

用户分析是从多角度了解用户，深入挖掘用户的需求，寻找用户的行为特征、产品的使用习惯、认知偏好，以及使用情景等特征，能够让设计师明确目标用户的需求点和产品使用的痛点所在，避免设计目标偏离用户需求。但是用户分析所解决的问题，仅仅是将与产品相关的用户特征等内容碎片化地呈现出来，无法让设计师更加直观地认识、了解目标用户，指导设计的进行。因此，用户分析结束后随之进行的人物角色模型的搭建，将这些研究结果整合起来，成为设计师进行设计的有力工具。

■ 本章参考文献

[1]　马斯洛. 人性能达的境界[M]. 林方，译. 昆明：云南人民出版社，1987.

[2]　王恒冲. 产品设计的潜在需求分析探讨[D]. 长沙：湖南大学，2009.

[3]　OSTERWALDE A, PIGNEUR Y. 商业模式新生代[M]. 王帅，毛新宇，严威，译. 北京：机械工业出版社，2011.

[4]　毛宇翔. 隐性需要的信息源及挖掘体系研究[D]. 杭州：浙江大学，2002：12-18.

[5]　杨颂，蒋晓. 基于 ZMET 的产品设计用户潜在需求发掘方法研究[J]. 大众文艺，2012（4）.

[6]　徐卉鸣. 基于 ZMET 方法的虚拟礼物用户情感体验研究[D]. 无锡：江南大学，2012.

[7]　KANO, et al. Attractive Quality and Must-Be Quality[J]. Hinshisu. 1984.

[8]　GALOTTI K M. 认知心理学[M]，吴国宏，等译. 西安：陕西师范大学出版社，2005.

[9]　赵楠. 基于认知心理的购物网站用户界面设计研究[D]. 无锡：江南大学，2012.

[10]　JOHNSON J. 认知与设计：理解 UI 设计准则[M]. 张一宁，译. 北京：人民邮电出版社，2011.

［11］　约翰·安德森. 认知心理学及其启示［M］. 7 版. 秦裕林，等译. 北京：人民邮电出版社，2012.

［12］　SCHMIDT A，BEIGL M，GELLERSEN H W. There is more to context than location［C］. Proceedings of Workshop on Interactive Applications of Mobile Computing，1998. Rostock，1998：1-5.

［13］　GWIZDKA J.. What's in the context? A Position paper presented at the Workshop on The What，who，Where，When，Why and How of Context-Awareness［C］. ACM SIGCHI Conference on Human Factors in Computing Systems. The Hague，Netherlands. 2000.

［14］　傅小贞，胡甲超，郑元拢. 移动设计［M］. 北京：电子工业出版社，2013.

第6章

人物角色与场景剧本

用户调研通常贯穿于整个设计进程，调研结果往往对整个设计的方向起着灯塔式的作用，调研人员通过对用户生活作息习惯、行为方式、目的动机、使用环境等内容的研究，归纳总结后获得大量第一手数据。现实中，设计师和用户研究人员的角色并不完全重合，用户研究人员的工作是挖掘用户的相关数据，设计师的工作是通过这些数据寻找前进的方向。这些冰冷的数据如何帮助设计团队完成最初的目的，设计出一款优秀的产品，是一个让人困扰的问题。另外，用户体验是一个抽象和感性的概念。不同的设计师在获得数据后，从厚厚的卷宗中获取的设计要素会存在一定的差异性。

为了解决这类问题，在设计流程中引入了"人物角色"这一概念。它像一把会说话的标尺，让团队的每一个人都能够直观地知道设计对象是谁，增、删功能点的标准是什么，交互原则繁简的趋势怎样定夺，而非像"一千个读者心中的哈姆雷特"一样，让设计结果存在巨大的不确定性。

本章将介绍的内容如下：

（1）人物角色的设定；

（2）人物角色的构建方法；

（3）场景剧本的搭建方法。

■ 6.1　人物角色的设定

■ 6.1.1　人物角色概述

1. 人物角色的概念

人物角色类似于在理工学科中使用的概念模型，是通过有效的载体来表达复杂概念。通过归纳用户调研过程中产生的大量数据，生成一个或者一组具有代表性的模型，即人物角色。人物角色并不是真实的人，他是由调研人员依据观察采访到的真实用户积累的数据虚拟构成的人，"他"在整个设计过程中扮演一个真实的人的角色来帮助体验和改良设计。

人物角色可能无法做到像原始数据一样完整、精确地反应全部的用户调研信息，但这并不是它的核心任务。人物角色建立的核心任务是为了向团队（尤其是未参与用户调研人员）快速传达数据中的重点信息。设计前期不仅要有深入的用户研究，深刻洞察用户的需求，后期也应有反复的用户测试[①]。图 6-1 所示为一个人物角色的案例。

人物角色一般会包含一些个人的基本信息，包括年龄、工作、生活环境等，重点描述产品在使用过程中的用户目标或使用行为。人物角色的具体构成元素以及在不同情况下元素构成的增删原则将在本章后面详细介绍。

2. 人物角色与平均用户之间的关系

某个人物角色的设定需尽可能代表最多比例的平均用户。首先，在每一个产品的决策问题中，"比例"的限制条件是不一样的。是"每周访问超过 5 次的用户"还是"从不点击广告的用户"，具体问题不同，需要的数据支持存在着差异。用户研究中的人物角色不是"平均用户"，也不是"用户平均"，而是"用户典型"。构建人物角色的目的，并不是为了得到一组能精确代表多少比例用户的定量数据，而是通过研究用户的目标与行为模式，帮助设计师识别、聚焦于目标用户群。

3. 人物角色与真实用户的区别

产品的真实用户，是产品最终的使用者和体验者，他们也是哲学意义上的"自然人"。要精确地描述每一位真实用户是十分困难的。例如，研究人员无法描述每一位用户的喜好，因为用户的喜好非常容易受各种因素影响，甚至从不同的角度描述同一问题都会导致不同的答案。

---

① 刘春花.基于用户体验的界面设计（UI）研究[D].天津：天津工业大学，2008.

人物角色设定 通过现有旅行茶居和典型年龄特点分析，建立用户模型

姓名：李玉龙
年龄：59
职业：银行职员退休
家庭月收入：8000元
身体状况：良好，阅读需要戴眼镜
手机使用情况：熟练

心理需求：

祖籍吉林，青年时期在上海部队服役5年，而后一直在吉林生活，对青年时期曾经生活过的上海有一种**怀旧情感**。但是并没有旅行团提供相关路线也不清楚住宿/饮食等基础信息。

家庭状况：

有两个儿子都在国外读书，通常半年左右回一次家，老两口在家时常感觉孤单，距离两个孩子成家尚有一段时间，没有哺育孙子辈的负担，**时间充裕**

旅行期望：

在社交网络上经常能看到老战友或者同志们分享的图片，**对这种身边人走过的成熟路线非常感兴趣**，因为这避免了很多选择的苦恼，直接照搬就可以了

姓名：赵小英
年龄：57
职业：大学教师退休
家庭月收入：11000元
身体状况：脑供血不足，偶尔会有头晕
手机使用情况：依赖

心理需求：

热爱民俗文化，一直没有时间，在退休之后，感觉生活空虚，**希望能够去民俗文化保留完整地方旅行**，但是由于自己有脑供血不足状况，旅行团节奏太快，担心会跟不上进程

家庭状况：

爱人过世多年，子女在外地读书，半年左右回一次家，一个人生活简单，出行时间自由。不受传统观念影响，暂时没有为下一代结婚生子积攒资金的压力，所以**经济无约束**

旅行期望：

对陌生人心存芥蒂，通常愿意与邻居或同事一起出行，由于时间充裕，偶尔会规划路线，在完成一次旅行之后，乐意与身边人分享。

图 6-1　人物角色案例

　　由于人物角色是经过归纳总结后抽象出来的，实际上并不存在，是这个目标用户群体的表征。虽然人物角色不是具体的某位用户，但是它的内容是由观察、记录真实用户的行为和习惯综合而产生的，是真实人物的映射。人物角色是在人种学调查中收集到的实际用户行为数据基础上形成的综合原型①。由于他是真实的用户数据构建而来，所以他具有代表一类用户的共同特征，在表现形式上被描绘成一个具体的用户，使得设计团队拥有了如同真实用户在团队之中合作设计的体验感，这种体验感是设计师依据人物角色和情感元素输出设计框架的重要基础。由于人物角色构成数据的真实性，使得设计方案能够更好地服务于数据背后的真实使用者，同时也能引起利益相关者的共鸣。图 6-1 便是一个任务角色的案例。

　　所以，人物角色重点关注的是目标用户群体显在需要和潜在需要。通过描述他们的

---

　　① 程婷婷. 基于用户角色的网上银行界面设计研究[D]. 无锡：江南大学，2013.

目标和行为特点,来帮助设计师分析需求和设计产品。

■ 6.1.2　人物角色工具的使用优势

创建人物角色的核心目的是尽可能减少设计师的主观臆测,避免一个功能提出后,团队每个成员的认知出现差异,如图 6-2 所示,能以建构清晰概念模型的方式,精确传达用户需求,从而更好地为不同类型的用户服务。

图 6-2　主观臆测影响团队合作

人物角色在数字产品开发中有巨大的使用优势,归纳起来有以下几点。

(1)从战略层面确定产品所具有的功能类型,从而确定一种统一的团队交流语言,方便在整个过程中与其他设计者或者工程师交流。

由于人物角色是由真实的人物角色聚合而来,相比于复杂的列表和数据统计,人物角色更易识别和使用,提高整个团队的沟通效率①。

(2)可进行廉价测试。通过设定人物角色,可以对设计的方案进行快速、低成本的白板测试,虽然不能和真实用户完全一样,但是,由于人物角色是来自于真实样本数据的复合体,所以具有体现最广大使用者特点的效用。

(3)促进产品其他工作的进行。除了产品开发以外,人物角色设定可以有效地促进市场推广和销售策划的进行。由于人物角色所代表的是其背后的用户群体特点,有利于市场推广中决策的梳理和执行,对用户详细资料的了解,也能够促进销售计划的制订。

(4)避免设计师的主观臆断。在工作中,设计者往往会将自身的知识水平或者行为模式作为参考进行设计,但用户认知与设计师的想法往往存在偏差,以至于最后导致产品与用户之间产生非常大的认知摩擦。

(5)减少以偏概全的设计。在用户调研不方便,或者成本巨大时,设计者往往倾向于减少用户调研,以桌面调研、田野调研甚至闭门造车的方式进行设计,这就会导致产品受到个体用户特性的影响而忽略了其群体性特征。举例来说,互联网上的健康类移动应用种类繁多,其中中医诊病类的移动应用也占据着一席之地。在应用程序的使用过程中,中医类应用程序传递的信息往往专业性过强,使得操作过程中普通用户无法理解设计者的意图,虽然用户有使用需求,但是却无法从应用中获得帮助。究其原因,应用的目标用户定位于"少数"具备专业知识的用户上,忽视了更广泛的无法理解晦涩医学术语的普通用户人群,所以使用效果不好也就在情理之中了。

(6)确定功能顺序。功能顺序反映的是功能需求的强弱,设计过程中设计者往往会

---

① 覃京燕,陶晋,房巍.体验经济下的交互式体验设计[J]. 包装工程,2007.

面临数项功能的排序问题。例如有些洗衣机的定时洗涤功能会当作主要功能放在界面的醒目位置,有人就会问"张先生在日常洗涤中使用的定时洗涤的频率高吗? 其他功能就真的不重要吗?"在人物角色设定之后,功能排序问题便可以轻松得到解决。

(7) 工具使用灵活。从时间、资源、财力、人力等多个方面来评估,人物角色工具使用灵活,操作过程更加弹性可控。一周时间完成的人物角色,可以充分反映调研数据的内容,指导整个设计的进行;但几小时内完成的人物角色设定,也会在短期内发挥效力,节省沟通成本,完成其自身的作用。

■ 6.2 人物角色构建方法

构建人物角色主要有 4 个步骤,分别为整理数据、拼合人物角色特征表、细化人物角色和验证人物角色,关于具体的构建方法及过程,将在下文分别讲述。

■ 6.2.1 整理数据

在自然科学和社会科学中,可以通过有效的抽象来表达复杂的现象,因而引入了人物角色模型这一设计工具[①],用户类别的多样化导致模型的多样化,他们通常是一群有共同特征的用户所具有的标签化属性,这种共同特征既可以是同一种生活习惯,也可以是一种圈子化的消费主张。

在用户调研结束后,整理数据之前首先进行用户类别区分(即使当前还属于完全的假设阶段)。用户类别区分有利于把冰冷的数据中体现出的特征与人们头脑中的人物角色联系起来,有利于规划数据处理过程,使数据在归类之后比较容易创建出人物角色。

用户类别区分表面上类似于用户市场细分。用户细分是市场研究中常用的方法,通常基于人口统计特征(例如性别、年龄、职业、收入)和消费心理,分析消费者购买产品的行为。与消费者和商品的对应关系不同,人物角色构建过程中的用户类别区分更加关注用户与产品之间的互动关系。这是一个相对连续的过程,人口统计特征并不是影响用户行为的主要因素。通过人物角色可以更好地关注用户的目标、行为和使用场景的特点,能够更好地反映出用户需求,以及不同用户群体之间的差异。

在小组成员的头脑中形成了大致的人物角色特征之后,便可以开始进行数据处理,采用亲和图法(KJ 法,把大量收集到的事实、意见或构思等语言资料,按其相互亲和性归纳整理这些资料,使问题明确起来,求得统一认识和协调工作,以利于问题解决的一种方法[②]),允许多人同时工作,大大提高效率,操作成本低,快捷易懂。

---

① COOPER A. About Face 3 交互设计精髓[M]. 刘松涛, 译.3 版. 北京: 电子工业出版社, 2013.
② 亲和图法[OL]. [2015-03-26]http://baike.baidu.com/view/3194517.htm.

在亲和图法中,主要有以下 3 个阶段。

(1)用户特征概念化。在海量的用户信息中快速地找到具有代表性的用户特征并不是一件容易的事情,所以在开始真正的排列信息标签之前,需要到场的小组成员针对自己的角色,将用户的特征用小纸条的形式描述出来。这里的小组成员可能来自多个地方,包括产品设计开发过程中的各个利益相关者,然后通过自由列表法来完成关于这一特征概念化行为。

(2)细分归纳图的制作。用户研究人员将收集到的概念化信息做成卡片,然后邀请相关人员一起来参与细分归纳图的制作和讨论过程。最好是选择参与了之前数据收集的人员进行细分归纳图的制作,同时人数控制在 3 人以内。若参与人员对前期调研不了解,在面对这些卡片时候往往无从下手;而人数过多,也会在需要达成一致意见时耗费过多时间。为了方便快速分类,一张卡片上只写一条信息,内容包括用户目标、用户行为或遇到的问题。

刚开始的布置可能是杂乱无章的,只是将各自想到的内容随便地贴在墙上,供其他人浏览以产生新的想法,如图 6-3 所示。等到总量达到一定基数后,再开始分类排序。

在按照预先的假设完成了几轮分类排序之后,基本可以得到一个稳定的顺序,即哪种类型的人所占比例最大,如图 6-4 所示。

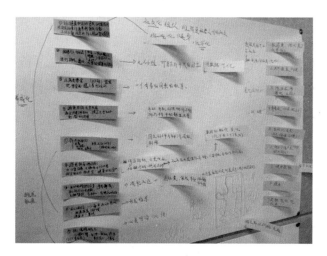

特征列表
老人,55~65岁
跟随单位出游
● 平均每年出行两次以上
● 单位负担一半旅行支出
● 有一些志同道合的老年同事
与家庭出游
● 每年三次或者更多
● 通常随旅行社一起出游
● 费用一般为5000元/人
信息来源
● 主要是通过朋友圈传播
● 能够自己通过互联网查阅资料
● 信赖熟人走过的路线

图 6-3　归纳图初步分类　　　　　　　图 6-4　信息标签排序结果

(3)初级验证。将信息架构投放至更广泛的人群中(200 个调研对象),尽可能多地覆盖各种的人群,将他们的需求提取并分类,以检验信息架构草案是否合理,当一些还没有考虑到的高频词汇出现时,应特别注意将其慎重筛选并归纳至信息架构中,使其能够更加完整。

由于亲和图法产生的人物角色会在一定程度上干扰数据的准确性，所以初级使用者最好还是通过慎重的验证进行弥补[①]。虽然这样的方法会带来信息不精确的风险，但是产生的人物角色可以快速反映出用户群体的最主要特征，这种意义重于前者的风险。

■ 6.2.2　拼合人物角色特征表

人物角色特征表是用于区分每个用户子类别数据范围的，简短的项目列表，有助于帮助团队成员避免过早地陷入对人物角色具体细节的思考中。构建人物角色的第二步是将上一步骤中获取的角色特征拼合成表，以便后期进行角色比较，完成对第一步中假设方向的验证和增补角色的工作。

数据整理后，设计师常常会获得许多个人物角色模型的草案，但是这些草案中哪些才是最有价值却难以确定。在角色模型的对比中，不可避免地要淘汰一些利用价值较小的类别，尽管这些淘汰的类别也曾让团队付出巨大的构建成本。人物角色特征表的出现简化了这一过程。它像产品设计的草图一样，通过寥寥数笔即可勾勒出一个大致的方案草图，以此来减少方案的产出成本，同时也降低了比较过程的复杂程度。

（1）确认用户特征的类别。在圈定用户类别的第一阶段，完成了对人物角色的假设和数据统计，而统计出的数据很有可能与当初的假设并不完全重合，所以需要对于概括性的人物角色进行进一步细分，以产生更具有指示意义的角色工具，而有失偏颇的角色定位就需要果断进行大幅度的删改。

用户特征类别由技术、市场和社会 3 个方面的差异化比对产生。如果数据归纳后发现的用户类别过于概括，可以在子类别中继续进行差异化对比来细化内容。例如，某个子类别的用户对于产品设计的技术需求层面是否有足够重要的参考意义，这类用户与产品的互动方式有什么特别之处；对于占有市场更多比例是否有意义，对于产品的分发和营销是否能够进行积极的影响；是否具有社会影响，包括是否加入这一子类别可以扩大产品的社会意义，以及这一子类别在社会用户的占比是否足够高。

技术、市场、社会这 3 个因素基本可以覆盖子类别的参考因素，对新增的类别形成有效的筛选，如图 6-5 所示。

（2）创建人物角色特征表。设计师需要为每个确定的子类别构建人物角色特征表，将数据分析之后的主要标签摘抄出来，形成这个角色塑造基本信息项目列表。在后期，特征表之间会产生比较和优化，所以每个标签都要尽可能地有比较的空间，不要一个标签只

---

①　WILSON C. 重塑用户体验——卓越设计实践指南[M]. 刘吉昆，刘青，等译. 北京：清华大学出版社，2010.

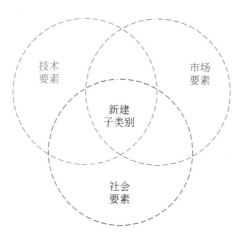

图 6-5　筛选要素（原理源自《创造突破性产品》①，图片作者自绘）

有一两个字，让后期的工作难以开展。有的人物角色特征表可能不够丰满，对于这种缺少的信息项目可以直接标注出来"缺少信息支持"，以待之后翻阅报告资料来补充。最后，暂时不要为这些人物角色特征表添加更加接近真实人物角色的信息，消耗宝贵的资源。

　　人物角色特征表出现之后，便是召集利益相关者，向其征求意见和反馈，根据产品战略和商业发展趋势，评估每个特征表的重要性，随之优化，使之成为角色草图。在这个过程中将去掉排位靠后的角色草图，并将其他草图发展成人物角色，如图 6-6 所示。

　　在正式地讨论角色草图的优先次序之前，需要明确利益相关者都由哪些人组成。在当前互联网公司的一般产品设计流程中，至少要涵盖以下几个方面的人员：用户研究人员（需求提供方）、产品经理（产品方向的总设计者）、交互设计师（控制产品的交互行为，将产品经理脑中的概念落到纸上）、视觉设计师（产出最终界面）、程序开发人员（研发人员）、市场推广人员（营销）等。多方面利益相关者的出现，才能将最有利于产品发展的人物角色特征表挑选排序出来。需要注意的是，如果有的利益相关者没有参与到角色构建的前几个步骤当中时，就需要在会议开始之前，将人物角色的来龙去脉与之讲清楚，避免在会场浪费时间。

■ 6.2.3　细化人物角色

　　在人物特征排序完成之后，可以将这些角色草图正式发展成人物角色了。人物角色要包括一些可用于定义的关键信息：目标、角色、行为、标签、环境和典型活动。这些内容使得人物角色坚实、丰富和独特，更为重要的是与产品紧密相关。在进行人物角色细化时，有几个常见的点需要注意。

---

　　① CAGAN J, VOGEL C M.创造突破性产品-从产品策略到项目定案的创新［M］，辛向阳，潘龙，译.北京：机械工业出版社，2004.

<table>
<tr><td>

父母（角色特征表）

人口统计数据：

- 两人的薪水能够支付得起两台笔记本计算机（第一次调研汇总，第3页）
- 倾向于居住在儿子学校周围（第一次调研汇总，第4页）
- 略

工作：

- 调研中70%以上的父母有白领行业的全职工作（第二次调研汇总，第7页）
- 略

父母的目标、恐惧和期望：

- 母亲比较担心儿子住校之后会用计算机玩游戏（第二次调研汇总，第7页）
- 略

</td><td>

李伊曼，住校生家长

概要：

　　李伊曼和丈夫为了上高中的孩子上学方便选择住在省重点中学附近[1]，儿子 孙振东 在读高一，学校实行封闭式管理，周末才能回家，由于课程安排，要求父母购买一台笔记本计算机[2]。

　　李伊曼夫妻二人都在银行工作，收入有保证，但是十分忙碌，所以才送儿子去住宿制的封闭学校，但他们很担心由于父母不在身边，孩子会过于贪玩[3]。

数据参考来源：

（1）在子女周围住宿的需求（第一次调研汇总，第4页）

（2）有能力支付两台笔记本计算机（第一次调研汇总，第3页）

（3）母亲担心儿子过于贪玩（第二次调研汇总，第7页）

</td></tr>
<tr><td align="center">(a) 角色特征表</td><td align="center">(b) 角色草图</td></tr>
</table>

图 6-6　角色特征表转化为角色草图

　　（1）人物角色的名字。没有名字的人物角色是冰冷、数据化的，名字一方面减小组内成员记忆的负担，另外一方面也能够起到标签化的概括作用。

　　减少记忆负担很好理解，即让人们一提起这个名字就能想到这个角色。需要注意的是，不要以组内的任何成员的名字来命名角色，也不要起大家熟知的某个人的名字作为角色名字，这两类称呼既会带来使用中的麻烦，也容易将设计人员禁锢到某个真实的人的性格等基本特征之中去。

　　标签化特征是在起名字时能够考虑人物角色内、外在因素，以便在使用中符合人物生活场景，首先这个名字必须与角色生活的年代相称，像 20 世纪 50 年代出生的用户的年龄定位应该避免出现像"张子豪"这样的名字，从调研的真实用户名字中抽取不失为一个不错的办法；选择名字的过程中，注意考虑用户的性格，像"赵怀瑾"、"孟子义"这样的名字更适合一个对生活水准要求很高，身上带有文化标签的人，放到一个粗犷豪放的角色身上就显得不大合适；名字的多样性也很重要，在一个系列产品的设计过程中，人物角色应该既有温、良、恭、俭、让性格的名字,又有忠、孝、勇、智、廉类型的称呼;最后,为了明确用户名字之间的差异性,可以给这个名字加以简单描述,例如"保守的王宝军"、"完美主义者张子墨"等,这样的概括短语让角色更容易识别。

(2) 人物照片的挑选。人物角色照片的挑选是一个比较主观的过程,为了能最大限度地反映人物特征,不引起歧义,需要注意以下几方面的问题。

首先要用真实的人物照片,绝对不要使用漫画或者卡通类的头像,这会让人产生是虚拟人物的感觉。尽量也不要使用模特儿或者图库的照片,他们过于标准化,缺少角色本身的个人色彩,毫无瑕疵的照片会让人产生完美性格的人物角色的倾向,这并不利于角色的发展和使用。

在照片的具体选择上,人物照片应该是肩部及以上,这样容貌和着装就可以大致显露出来,他们同样需要符合人物的描述。如果建立了一个"精明的孟子义"样的角色,就不应该出现他邋遢糟糕的人物头像照片。年龄和身份也往往可以通过衣着体现,具有丰富细节的头像才能直指人心;尽可能地带有一些人物生活场景作为照片的背景,使人物角色的照片像是在工作或者生活中拍摄的。这里需要注意的是避免背景喧宾夺主,要把核心放在人物身上。

最后要注意人物照片的多样性和组织性[①]。人物姓名具有多样性,人物照片的多样性则更加丰富,但是这种人物照片细节的多样性是基于对用户数据多样性的展示;在一组人物角色中,照片的组织性同样重要,即尽可能地展示统一风格和拍摄手法的照片,例如不应该出现黑白混杂的人物角色照片或者全身像和头像共同出现这样的情形。

如果时间有限,可以用一页纸的用户文档作为由角色草图到丰满角色构建过程中的起点。一旦有更多的时间,可以随时补充更多的信息,如图 6-7 所示。

在补充丰富人物角色特征表内容的过程中,有些时候会遇到由于前期调研资料过于丰富而导致后期人物角色资料冗余、数据过于庞杂的现象。虽然已经通过人物角色特征表的子类别细分,但是有些条款的资料仍然多到使人物角色失去了快速传达这一效能。人物角色至少应该涵盖的基本信息如表 6-1 所示。

表 6-1　基本信息列表(内容改编自《用户体验面面观》)[②]

目标	角色和任务	人口统计特征	标签	技能和知识	环境(情形)
短期和长期的目标	具体的公司或者行业	名字、职务或者简短的介绍	人口数据统计上的集群化特征(收入和购买力、所在地区、教育水平、婚姻状况、文化背景等)	计算机和网络的使用状况	设备状况(网络连接、浏览器名称、版本和操作系统)

---

① MUDER S, YAAR Z. 赢在用户——Web 人物角色创建和应用实践指南[M]. 范晓燕, 译. 北京: 机械工业出版社, 2007.

② 库涅夫斯基. User Experience 用户体验面面观[M], 汤海, 译. 北京: 清华大学出版社, 2010.

目　　标	角色和任务	人口统计特征	标　　签	技能和知识	环境(情形)
实现目标的动力	职位或者角色	年龄、性别	人群的市场规模和影响	经常使用的产品和对该产品的了解	"生活中的一天"的描述(工作风格和时间表)
工作上的目标	岗位上的典型活动	标志性的总结语	国际方面的考虑	使用年限	产品的使用地点
使用产品的目标	岗位上非典型但是重要的活动	引语(即为什么选择这个人物角色,与产品之间的关系是什么)	用户获取产品的方式、方法	对于这一领域的认识	工作、生活的休闲活动
短期和长期的目标	目前面临的挑战或者说在使用过程中给使用者造成麻烦			受过的培训	消费心态和个性
总体目标(生活、工作)以及期望	自身职责			特殊技能	价值观和态度(政治观点和宗教信仰)
用户自己表达出来的产品需求和观察者看到的用户未表达的产品需求	与其他人物角色、系统和产品之间的互动			对竞争产品的认识	恐惧的事物及面临的障碍

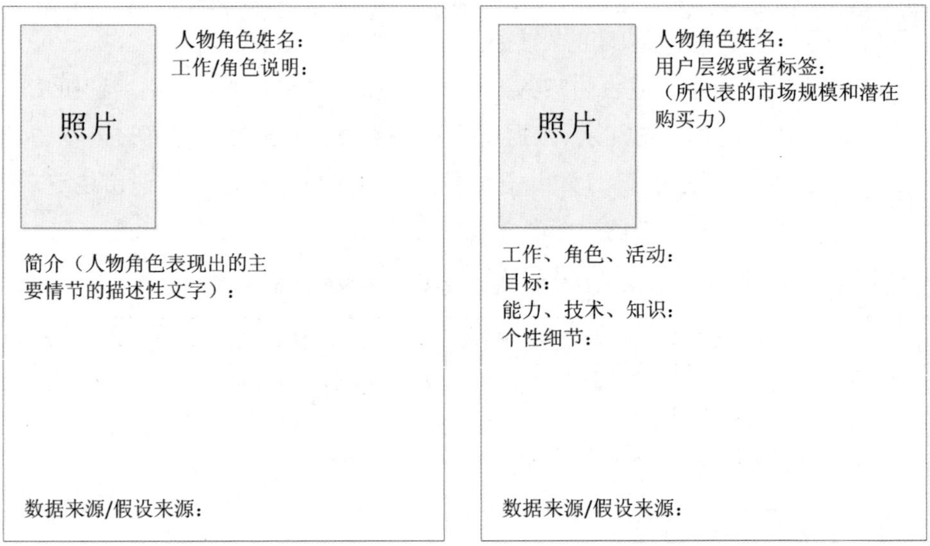

人物角色姓名:
工作/角色说明:

照片

简介（人物角色表现出的主要情节的描述性文字）:

数据来源/假设来源:

(a) 一页纸的用户文档模板

人物角色姓名:
用户层级或者标签:
（所代表的市场规模和潜在购买力）

照片

工作、角色、活动:
目标:
能力、技术、知识:
个性细节:

数据来源/假设来源:

(b) 简历形式的用户文档模板

图 6-7　用户文档模板

　　在用具体细节充实人物角色特征表时,应注意尽可能将用户文档中的描述都在原始数据中体现。这个目标很难达到,但是通过这个过程,设计者可以再次明确自己的人物角色还有哪些值得继续深入调查的地方。

　　下面是人物角色构建流程的一个具体案例。

　　本案例的设计主题是设计一款手机应用软件,针对办公室一族所受到的健康威胁,为这一类特定人群提供帮助。

　　(1) 进行调研和访谈。邀请了几位不同职业的参与者来共同设计,包括新入职的办公室白领、社区医生、公司老员工等。首先,让他们列出影响办公室健康的因素都有哪些(例如久坐、空调病、办公空间狭小、空气流通性差等),而他们自己都有哪些身体问题与办公室目前的不利条件相关(例如颈椎病、腰椎疾病、视力下降等),他们对办公室条件有哪些整改意见(例如增大每个人的办公面积,作息时间更加合理化等),目前有哪些产品让他们的日常办公觉得舒适(例如,形状大小合理的靠枕,角度多变的屏幕支架等)。

　　(2) 数据分析工作。设计师面向多种类型的用户(包括各个年龄段的办公室工作人员和医务工作者),通过焦点小组和问卷调查,可以收获大量的回答,通过筛选数据得到最常提到的某些内容(如空调病),再与办公室内的各种产品的生产厂商进行交流,就目前市场上各类空气净化、坐姿矫正等产品的流行趋势和营销策略,对目前销量进行统计,制成表格,并与之前的表格合并,就可形成一个包含供给和需求的项目列表。它虽然不能够保证完全没有任何遗漏,但是能够代表办公室健康问题中最为主要的部分。

　　(3) 拼合人物角色特征表。在上一步获得的表格的基础上,扩大访问量,划分特征集群,拿着上一步的关键内容表,让 100 个被调查者对表格内容按照主观意见进行分类排序,对比较集中的几个分类进行归纳总结。通过分析数据,大致得出以下两个类别的人群,并依此作为主次人物角色。

　　第一类是对办公室空气质量有较多忧虑的人群。无论在夏季的空调环境下,还是在冬天的封闭环境中都难以获得一个比较好的空气质量,特别是在中国北方大部分地区,冬季雾霾严重,室内空气质量也不乐观,时常出现一些咽喉炎症,稍不注意就会发展成上呼吸道感染。同时由于空间狭小,容易发生传染,造成大面积的人员染病,反复感染,病程也比较长。他们对目前市场上的加湿器和空气净化器的情况不满意,总体上来说,要么是体积庞大、噪声大,要么就是小到作用微乎其微,供需矛盾明显。

　　另外一类人群(次要角色)是颈椎疾病类标签排名较高。由于长时间紧盯着计算机屏幕,固定姿势导致颈椎反向弯曲,影响脑部供血,造成头晕目眩,困顿乏力,降低工作效率,而目前市场上还没有可以应用到办公室中的颈椎矫正类的产品。

　　(4) 细化人物角色。经过以上 3 个步骤,产生两个人物角色,主要人物角色为孙一峰(对空气质量安全高度关注),如图 6-8 所示。次要人物角色为刘东升(对颈椎疾病关注),

如图 6-9 所示。

主要人物角色（空气质量安全高度关注）	
信息概括	
姓名：孙兆丰	基本学历：硕士研究生
工作时间：5年左右	办公室停留时间：12小时/天
所在行业：互联网行业	目前主要问题：经常发生上呼吸道感染
工作地点：北京	主要原因：空调房内空气质量差

个人描述

在IT行业工作5年，学生时代爱好篮球，身体素质很好，从小在河北长大，因为工作原因来到北京，由于是业务主管工作繁忙，平均每天工作12小时左右，每周工作72小时，基本上绝大多数时间都在办公室度过。

问题描述

近年来北京市空气污染严重，室内空气也不容乐观，由于长期暴露在空调房间内，导致孙先生的健康状况下滑严重，具体表现在：咽喉发炎，眼睛干涩，上呼吸道反复感染，由于冬季室内空气不流通，一人生病经常传染到周围的同事，进入互相传染的恶性循环之中。

同时，由于办公室内的空间有限，无法摆放大型杀菌过滤设备，公共空间也需要保持整洁。因而需要外形小巧，性能强劲的空气净化装置，而在目前的市场上没有找到满意的产品。

图 6-8　主要人物角色

■ 6.2.4　验证人物角色

设计师制作出一套完整的人物角色模型后，每个角色都充满了各种信息，有主要和次要数据、新老数据、定量和定性的数据、商业和战略上的数据。他们可能互相符合，也有可能互相无法比较，因而在完成整个流程之后的验证就显得很重要。

验证人物角色的目标是保证产出的虚拟故事和人物特征与真实的数据不要相差太远，虽然人物角色并不需要完全准确地反应调研中的数据信息，但是把目标用户的精髓信息进行有效传达是制作人物角色最核心的目标之一。

经过不断对细节进行丰富，人物角色已经是一个很饱满的近似真实的用户了，而增添的叙述细节是否合理要依靠与原始数据的比较。按照笔者的经验，进行验证的团队人数最好控制在 3～5 人并贯穿整个设计的始终，并且知道人物角色的来龙去脉。在浏览原始数据时，一旦发现原始数据与人物角色发生重大分歧，应交由团队集中讨论是否可以允许这样的矛盾存在，并给人物角色一些合理的修正，以保证它们可以尽可能地代表原始

次要人物角色（颈椎疾病关注人群）

信息概括

姓名：刘东升

年龄：27

工作时间：5年左右

所在行业：互联网行业

工作地点：北京

基本学历：硕士研究生

办公室停留时间：12小时/天

目前主要问题：颈部僵直，肩膀酸痛

主要原因：工作长期保持固定姿势不变，工作间隙没有良好的休息区域

个人描述

刘先生祖籍山东，带着勤奋和拼搏精神只身前往北京，由于工作勤奋，年纪轻轻即成为团队的领导，工作任务繁重，由于住处与工作单位距离很近，使得刘先生以工作为生活重心，常常吃住在单位，由于是创业型的公司，办公条件也十分的有限，难以提供适当的休息区域。

问题描述

从学生时代起就不擅长运动，走向工作岗位之后更是由于工作繁忙而很少活动，近年来由于出现了一些身体上的不适，才逐步开始开始将注意力转移到自己的健康上来。

面临的主要问题是颈部僵硬，颈肩酸痛，有时候会伴随头晕，呈现出脑部供血不足的现象，严重影响着平时的伏案工作。

由于工作单位的空间有限，没有固定的休息室供大家使用，每日的午休只能趴在桌子上将就一下，而随后就会觉得格外难受，包括头晕眼花等症状；每天连续工作的时间稍微长一些，颈肩也会酸痛不已，让人十分苦恼。

经过细致查询，市场上暂时还没有相对可靠的产品，能够快速缓解在这种简陋办公环境下的颈部不适。

图 6-9 次要人物角色

数据。

在角色草图排序的过程中，曾经召集过一批设计之外的上、下游成员来完成角色草图的排序工作，在验证过程中要将已经完成的人物角色交给未曾参与过设计的行业专家，包括销售人员、产品前后端开发工程师、培训师或者教育工作者等。如果能够请到与这类人物角色有业务联系的人员，也可以交给他们来完成人物角色的审查。例如可以将人物角色给市场营销部门的人进行讲解，看看是否能够让他们联想起平日里的目标客户。

有一个简单的方法就是把与人物角色匹配的用户请来进行一次焦点小组访谈，通过观察和问答的方式，直接获得反馈。

当条件允许时，可以通过上门访问的方式，亲自观察、访谈，获知用户在生活中的真实工作和生活状态，而不是单纯依靠文字类的信息反馈或者实验室中的模拟态来作为检视用户行为的唯一标准。

以上就是人物角色构建的基本方法,人物角色模型的构建完成并不代表用户研究就告一段落了。恰恰相反,在真正的开发中,人物角色的创建,往往是理解和接纳用户信息的最佳起点。

■ 6.3 场景剧本

人物角色是围绕着调研数据,根据多方面的考察建立一个可以用来测试和沟通的人物模型。通过这个模型,可以快速地在团队中进行交流,它像一把活的标尺,衡量着设计中的优势和弊端。在这一节中,将介绍与人物角色息息相关的另外一种工具——场景剧本,以使人物角色与整个设计流程真正结合起来。在这个过程中,主要完成以下4个作用,使用场景剧本来模拟用户在理想状态下的使用产品过程,通过这个过程中产生的矛盾来定位需求,根据这个需求来设计框架,最后通过数次迭代完成整个框架的搭建。

■ 6.3.1 场景剧本法的来源

"场景"是由 Herman Kahn 和 Wiener 在 1967 年合著的《2000 年》一书中提出的。他们认为未来的世界必定走向多样,而对多样未来的预测有多种,几种潜在的可能其实都有可能实现,而对这种预测的描述构成了场景描述法的原型。

场景应用的最大好处是使设计者发现未来的趋势,进而从这种趋势中寻找变化的规律和机会点,同时避免一种最常见的错误——在未梳理清晰用户需求时,就盲目地开始设计。

■ 6.3.2 场景剧本法定义

场景剧本法是将某种故事性的描述应用到结构性和叙述性的设计解决方案当中。简单来说,就是在寻找需求中,使用类似于电影拍摄中分镜头稿的脚本,如图 6-10 所示,以设计师驰骋的想象力作为素材,模拟用户在使用中遇到的各种问题,在小组讨论中建立一个最理想化的设计使用场景,以此来推敲出设计方案所应该具有的接触点、服务流程、功能等各项要素。

■ 6.3.3 场景的作用

1. 通过场景模拟用户的使用过程

在产品设计之初,将设计完成的人物角色投入到既定场景之中,以图片、文字、视频等多种方式作为脚本,通过小组成员的想象力增添细节,从用户的使用过程中发现问题,推

图 6-10 场景演示脚本范例

敲获得解决方案。场景模拟有利于集中所有小组成员的注意力,以此来提高整体的工作效率。

2. 通过场景剧本定义用户需求

通过多种场景的模拟,从人物角色的角度来设计最理想的使用流程,通过与现有产品的使用流程对比,总结用户期望,定义设计需求。

3. 通过用户需求完成设计框架

在得到用户需求之后,将其拆分成对象、动作以及情境。其中包括数据需求,例如账号、人、文档、邮件、图片、歌曲等。他们的属性,包括状态、日期、大小、创建者等。而功能需求则是指系统必须进行的操作,并最终转换为界面的控件。

4. 通过迭代设计完善最终框架

在设计的整个进程中,随时将设计带入场景之中,不断完善产品的设计框架,弥合人物角色和产品需求之间的鸿沟。

■ 6.3.4　场景的搭建方法

1. 描述

在产品设计领域,为了了解用户的需求,"场景设计"承担着讲故事的角色[①]。这里的讲故事是为了发现用户可能遇到的状况,解决其中的问题,从而发现需求,然后根据这个需求在模拟的场景中进行进一步设计。

设计师通过叙述的方式将任务"情节化",从而挖掘出用户的真实需求。换言之,让用户通过讲故事的方式,解释自己的行为动机和行为方式,这种方式最容易被当事人理解,并且能够利用故事的焦点来突出用户希望达到的目标。

例如,读者可以设想作为设计师与孙医生面谈,他主要负责医院中病人的资料整理工作。当走进他的办公室,相互嘘寒问暖之后,他便讲起了自己的工作情况:"医院所有的病人资料都放在病例管理部门。因为每周二会有集中的病历管理,所以那一天会收到很多的病人资料。医生负责检查资料是否齐全。在处理这些数据,录入计算机之前,需要检查病人用药历史和过敏证明。根据这个初步审查结果,再把这些申请表格转交给李医生,他负责将资料录入计算机,再提交给……"

虽然孙医生并没有明确地描述如何通过软件或设备来完成任务,但是通过他的叙述,很容易就能知道医生收集、整理、提交资料的工作流程。如果叙述更加具体,就能更加清晰地了解流程内部的运作原理,流程与流程之间的衔接方式。通过理解用户的行为动机和行为方式,能更加专注于用户的需求。

2. 描述的具体步骤

(1) 背景描述。在设计的初始阶段,用一个明确的背景描述来勾勒前进的大致方向很有必要,通过生活状态、技术趋势、SWOT 分析法分析场景建构流程,引导设计者进入背景情况。在这一阶段,设计引领者需要将之前调研和推导所获得的各种数据(如用户生活习惯、竞品的主流功能点、社会趋势和技术趋势)整理成表格,在正式讨论前融会贯通;同时,需要了解企业未来产品的发展方向,将产品的活动情景转换成"使用者地图",以作为选取发展分镜头的依据。

---

① 王丹力, 华庆一, 戴国忠. 以用户为中心的场景设计方法研究[J]. 计算机学报,2005.

（2）勾勒场景。经过团队的头脑风暴分析，可以大致地找出一些待选的"使用者地图"，即用户使用产品或者遭遇困难的情景。在勾勒场景这一步骤中，需要按照时间或者空间等类似的逻辑顺序将其排列起来，手法上可以采用文字描述、图片展示、视频播放等多种方法。最为常用且有较高性价比的是图片展示法，如图 6-11 所示。首先通过最简单的线条勾勒出用户的一系列使用场景，应注意选取"使用者地图"中比较典型的案例，要求线条简单是为了在后期能够让各个设计者能够有较大的语言空间，以自己的理解来描述这个过程中出现的机会点。在这个过程中小组成员可以任意驰骋自己的想象力，为场景增添素材和细节，其他成员要注意延迟批评，即先放再收，尽可能多地收集可能的场景。

图 6-11　场景案例

当团队成员所描述的场景和接触点已经开始重复，或者想法更新得越来越慢，就可以及时停止场景勾勒，开始整理场景方案。

（3）确定需求。在整理出的场景方案中，设计师需要逐一提取人物角色的需求，这些需求包括对象、动作和情境。

从景点介绍中（情景）拨打电话（动作）给当地酒店（对象）。

在这个过程中，设计师要模拟产品的最理想化使用方式，并将抽取出 3 个元素集合整理成表格。这个时候团队就拥有了一个以情景剧本的形式描述产品如何满足用户目标的大纲和一个从用户研究和场景剧本中提取出来的需求简化列表。

3．描述的技巧

在故事的讲述中，设计师"化身"为用户，体验用户在产品使用过程中的各种情感，然后再从设计师的角度出发提炼出问题的根源和解决方案。

从事影视行业的编剧人员在编写剧本时都信奉一个重要准则——人物经历的跌宕起伏。这里面包含两点。

(1) 情节的跌宕起伏。没有读者喜欢看哈利·波特和伏地魔开开心心地生活。哈利·波特失去双亲,让他寄人篱下,让他受排挤压迫,让他背负复仇的使命,这样的情节才是读者期待的。

(2) 故事的核心是人性[①]。故事的主角可以是终极妖魔、火星来客,也可以是僵尸、吸血鬼,可以不是人,但不能没有"人味"和"人情"。故事情节若无法合理的解释,就是胡编乱造。

在产品设计领域中,场景设计的核心在于模拟用户的使用情境,突出人物在使用过程中的跌宕起伏,放大用户使用产品过程中的各类问题,从而使设计工具的使用具有针对性。只有关于目标"用户"的场景设计才是设计师需要的。

场景设计是一种运用故事和听众之间的互动,创造想象、情感,模拟问题出现和解决问题的方法,而"设计情节",其实需要的是一种讲故事的能力。这种能力包括以下几方面。

① 提供故事发生的时间和地点,让读者熟悉故事发生的环境。例如上文提到的"设想今天作为设计师与一位用户面谈,该用户主要负责医院病人的资料整理工作。"

② 角色的设置能让听众融入故事,用故事情节调动听众。

设计师将多样化的故事串联到一起,形成产品的使用情节。而情节是故事逐步铺开的线索,层层推进的情节能一步步地分解出产品的使用需求,指明设计方向。

例如,图 6-12 所示为无锡锡惠公园风景区观景人员安全项目中设定的场景图。

情景:孙卓苗大娘是一退休的大学英语教师,在十一长假期间一个人来到了无锡锡惠公园游玩。

惠山是无锡市锡惠公园中一座两百多米高的小山,山上已经修筑好台阶,来往的游人不少,上上下下络绎不绝,那天早晨刚刚下过雨,山上的风景很美,奇峰耸立,松柏翠绿。

孙大娘在山下做准备活动时电话响了,于是孙大娘一只手拎包,一只手接电话。因为人来人往,自己又不想耽误行程,所以脚步就没停下。就在这时,孙大娘脚下一滑,身子向一边猛倾,她拿电话的手想扶住护栏,已经来不及,整个人重重地摔倒在地,手机摔出好远,人虽然还算清醒,但是身体受了伤,已经无法站立……

这时,孙大娘想起自己年初在公园登记的信息保障卡。在入园教育期间,曾经被告知过,可以通过卡上的紧急按钮通知园区的救助人员,或者可以通过信息卡,打开附近的电子药箱,以获得一些简单的急救药品。于是大娘按了紧急按钮,通知了园区的信息系统。与此同时,在附近一同锻炼的伙伴们帮助大娘通过刷卡方式拿到了一些急救药品。过了一会儿,接到通知的志愿者也赶到了。他们为大娘提供了救助,使大娘转危为安。

① 刘兰兰,蒋晓,李世国.情境故事法在产品设计开发中的应用[J].包装工程,2007.

图 6-12　场景（故事版）案例①

通过以上的场景剧本，提出设计需求，为景区内出现意外事故的老人提供紧急救助措施，使老人能够在救护车来之前尽快得到有效的救治。同时，想办法尽早通知急救中心派救护车赶到，受篇幅限制，小组在这个描述过程中曾反复多次，这里只举其中一次为例。在这个过程中依次出现的产品功能、服务流程、人物角色为设计提供了需求框架，使更具体的方案得以展开。

6.4　本章小结

仅仅把人物角色和场景剧本构建出来，而不让用户参与产品的设计开发、推广、运营等决策中是没有意义的。相关人物角色和场景剧本的实际应用还可参考《产品交互设计实践》一书第 5 章。

人物角色和场景剧本在团队中的推广至关重要。设计师在前期需要提升团队成员的

---

① 于康康，崔宴宾，李佳星，等. 江南大学 PSSD 课程汇报.

参与度,中期邀请团队成员一起完成角色和剧本的构建,以及后期组织分享和讨论会让大家认同这两种工具的重要性,以使在项目结束时取得很好的反响。

不过,随着产品开发紧锣密鼓的进行、人员和时间的变动会导致大家对于目标用户对产品场景的认识又会产生差异。所以在团队中可以定期开展走访用户的活动,鼓励大家持续地走进用户,并将他们的所见所闻进行分享。通过这种形式不断强化和统一团队对于目标用户的认识,同时也能及时感知市场和用户的变化,保持人物角色和使用场景的生命力。

■ 本章参考文献

[1] 刘春花. 基于用户体验的界面设计(UI)研究[D]. 天津:天津工业大学,2008.

[2] 程婷婷. 基于用户角色的网上银行界面设计研究[D]. 无锡:江南大学,2013.

[3] 覃京燕,陶晋,房巍. 体验经济下的交互式体验设计[J]. 包装工程,2007.

[4] COOPER A. About Face 3 交互设计精髓[M]. 刘松涛,译. 北京:电子工业出版社,2013.

[5] WILSON C. 重塑用户体验——卓越设计实践指南[M]. 刘吉昆,刘青,等译. 北京:清华大学出版社,2010.

[6] COOPER A. 软件创新之路[M]. 刘瑞挺,刘强,程岩,等译. 北京:电子工业出版社,1999.

[7] MUDER S,YAAR Z. 赢在用户——Web 人物角色创建和应用实践指南[M]. 范晓燕,译. 北京:机械工业出版社,2007.

[8] KUNIAVSKY M. User Experience 用户体验面面观[M]. 汤海,译. 北京:清华大学出版社,2010.

[9] 王丹力,华庆一,戴国忠. 以用户为中心的场景设计方法研究[J]. 计算机学报,2005.

[10] 刘兰兰,蒋晓,李世国. 情境故事法在产品设计开发中的应用[J]. 包装工程,2007.

附录 A

推荐书目

本附录列出了学习产品交互设计应该关注的经典书籍。分 4 类推荐给读者：

交互设计类推荐书籍；

用户体验类推荐书籍；

心理学类推荐书籍；

设计调研类推荐书籍。

A.1　交互设计类推荐书籍

[1]　COOPER A. About Face 4：交互设计精髓[M]. 倪卫国,刘松涛,等译. 4版. 北京：电子工业出版社,2015.

[2]　SAFFER D. 交互设计指南[M]. 陈军亮,等译. 2版. 北京：机械工业出版社,2010.

[3]　大卫·贝尼昂. 交互式系统设计：HCI、UX 和交互设计指南 [M]. 孙正兴,等译. 3版. 北京,机械工业出版社,2016.

[4]　KOLKO J. 交互设计沉思录：顶尖设计专家 Jon Kolko 的经验与心得[M]. 方舟,译. 北京：机械工业出版社,2012.

[5]　KRUG S. 点石成金：访客至上的网页设计秘笈[M]. DE DREAM,译. 北京：机械工业出版社,2006.

[6]　贾尔斯·科尔伯恩. 简约之上：交互式设计四策略[M]. 李松峰,等译. 2版. 北京：人民邮电出版社,2018.

[7]　克拉克. 触动人心——设计优秀的 iPhone 应用[M]. 包季真,译. 北京：电子工业出版社,2011.

[8]　ANDERSON S P. 怦然心动：情感化交互设计指南[M]. 侯景艳,胡冠琦,徐磊,译. 北京：人民邮电出版社,2012.

[9]　HOEKMAN R Jr. 瞬间之美：Web 界面设计如何让用户心动[M]. 向怡宁,译. 北京：人民邮电出版社,2009.

[10]　HOEKMAN R Jr. 一目了然：Web 软件显性设计之路[M]. 何潇,译. 北京：机械工业出版社,2008.

[11]　WODTKE C,GOVELLA A. 锦绣蓝图：怎样规划令人流连忘返的网站[M]. 北京：人民邮电出版社. 2009.

[12]　WROBLEWSKI L. Web 表单设计：点石成金的艺术[M]. 卢颐,高韵蓓,译. 北京：清华大学出版社,2010.

[13]　李四达. 交互设计概论[M]. 北京：清华大学出版社,2009.

[14]　NIELSEN J,BUDIU R. 贴心设计：打造高可用性的移动产品[M]. 牛化成,译. 北京：人民邮电出版社,2013.

[15]　李世国,顾振宇. 交互设计[M]. 北京：中国水利水电出版社,2012.

[16]　赵大羽,关东升. 品味移动设计：iOS、Android、Windows Phone 用户体验设计最佳实践[M]. 北京：人民邮电出版社,2013.

[17]　鲁奇克,凯兹. NONOBJECT 设计[M]. 蒋晓,等译. 北京：清华大学出版社,2012.

[18]　傅小贞,胡甲超,郑元拢. 移动设计[M]. 北京：电子工业出版社,2013.

[19]　HEIM S. 和谐界面——交互设计基础[M]. 李学庆译. 北京：电子工业出版社,2008.

[20]　刘伟. 走进交互设计[M]. 北京：中国建筑工业出版社,2013.

[21]　BANGA C,WEINHOLD J. 移动交互设计精髓——设计完美的移动用户界面[M]. 傅小贞,张颖鋆,译. 北京：电子工业出版社,2015.

[22] PRATTA. ,NUNES J. 交互设计——以用户为中心的设计理论及应用[M]. 卢伟,译. 北京:电子工业出版社,2015.

[23] 刘伟. 交互品质——脱离鼠标键盘的情境设计[M]. 北京:电子工业出版社,2015.

[24] STEPHANIDIS C. 人机交互:以用户为中心的设计和评估[M]. 董建明,等译. 5 版. 北京:清华大学出版社,2016.

[25] GREEVER T. 设计师要懂沟通术[M]. UXRen 翻译组,译. 北京:人民邮电出版社,2017.

[26] 詹妮·普瑞斯. 交互设计:超越人机交互[M]. 刘伟,赵路,等译. 4 版. 北京:机械工业出版社,2018.

[27] 本·施耐德曼. 用户界面设计—有效的人机交互策略[M]. 郎大鹏,等译. 6 版. 北京:电子工业出版社,2017.

[28] 刘津,孙睿. 破茧成蝶 2:以产品为中心的设计革命[M]. 2 版. 北京:人民邮电出版社,2018.

[29] 孟祥旭,等. 人机交互基础教程[M]. 3 版. 北京:清华大学出版社,2016.

[30] PARUSH A. 交互系统新概念设计:用户绩效和用户体验设计准则[M]. 侯文军,陈筱琳,等译. 北京:机械工业出版社,2017.

[31] PEARL C. 语音用户界面设计:对话式体验设计原则[M]. 王一行,译. 北京:电子工业出版社,2017.

[32] Amber Case. 交互的未来:物联网时代设计原则[M]. 蒋文干,刘文仪,余声稳,等译. 北京:人民邮电出版社,2017.

[33] KRISHNA G. 无界面交互:潜移默化的 UX 设计方略[M]. 杨名,译. 北京:人民邮电出版社,2017.

[34] 由芳,王建民,肖静如. 交互设计——设计思维与实践[M]. 北京:电子工业出版社,2017.

[35] 包季真. 触人心弦:设计更优秀的 iPhone 应用[M]. 北京:电子工业出版社,2017.

[36] 王巍. 隐式人机交互[M]. 西安:西安电子科技大学出版社,2015.

[37] 顾振宇. 交互设计原理与方法[M]. 北京:清华大学出版社,2016.

[38] LUPTON E. 至美用户:人本设计剖析[M]. 李盼,李松峰,译. 北京:人民邮电出版社,2016.

[39] WENDEL S. 随心所欲:为改变用户行为而设计[M]. 张一弛,孙锦龙,译. 北京:电子工业出版社,2016.

[40] COOPER A. 交互设计之路:让高科技产品回归人性[M]. DING C,译. 2 版. 北京:电子工业出版社,2006.

■ A.2 用户体验类推荐书籍

[1] BUXTON B. 用户体验草图设计:正确地设计,设计得正确[M]. 黄峰,夏方昱,黄胜山,译. 北京:电子工业出版社,2012.

[2] TULLIS T,ALBERT B. 用户体验度量[M]. 周荣刚,等译. 北京:机械工业出版社,2009.

[3] GARRETT J J. 用户体验要素:以用户为中心的产品设计[M]. 2 版. 范晓燕,译. 北京:机械工业出版社,2019.

[4]　WILSON C. 重塑用户体验：卓越设计实践指南[M]. 刘吉昆，刘青，等译. 北京：清华大学出版社，2010.

[5]　GOTHELF J. 精益设计：设计团队如何改善用户体验[M]. 2版，黄冰玉，译. 北京：人民邮电出版社，2018.

[6]　KRAFT C. 惊奇 UCD：高效重塑用户体验[M]. 王军锋，谢林，郭偎，译. 北京：人民邮电出版社，2013.

[7]　腾讯公司用户研究与体验设计部. 在你身边，为你设计：腾讯的用户体验设计之道[M]. 北京：电子工业出版社，2013.

[8]　搜狐新闻客户端 UED 团队. 设计之下：搜狐新闻客户端的用户体验设计[M]. 北京：电子工业出版社，2014.

[9]　刘津、李月. 破茧成蝶：用户体验设计师的成长之路[M]. 北京：人民邮电出版社，2014.

[10]　百度用户体验部. 体验·度：简单可依赖的用户体验[M]. 北京：清华大学出版社，2014.

[11]　米哈里·契克森米哈赖. 专注的快乐——我们如何投入地活[M]. 陈秀娟，译 北京：中信出版社，2011.

[12]　KOSKINEN. 移情设计——产品设计中的用户体验[M]. 孙远波，译 北京：中国建工出版社，2011.

[13]　UNGER R，CHANDLER C. UX 设计之道[M]. 陈军亮，译. 北京：人民邮电出版社，2015.

[14]　樽本徹也. 用户体验与可用性测试[M]. 陈啸，译. 北京：人民邮电出版社，2015.

[15]　阿里巴巴集团 1688 用户体验设计部. U 一点·料——阿里巴巴 1688UED 体验设计践行之路[M]. 北京：机械工业出版社，2015.

[16]　日本电通公司体验设计工作室. 体验设计：创意就为改变世界[M]. 赵新利，译. 北京：中国传媒大学出版社，2015.

[17]　SCHAFFER E，LAHIRI A. 让用户体验融入企业基因[M]. 刘松涛，译. 北京：电子工业出版社，2015.

[18]　网易用户体验设计中心. 以匠心，致设计：网易 UEDC 用户体验设计[M]. 北京：电子工业出版社，2018.

[19]　阿里巴巴国际用户体验事业部. U 一点·料 2[M]. 2版. 北京：机械工业出版社，2018.

[20]　KALBACH J. 用户体验可视化指南[M]. UXRen 翻译组，译. 北京：人民邮电出版社，2018.

[21]　FERRARA J. 好玩的设计：游戏化思维与用户体验设计[M]. 汤海，译. 北京：清华大学出版社，2017.

[22]　SIERRA K. 用户思维＋：好产品让用户为自己尖叫[M]. 石航，译. 北京：人民邮电出版社，2017.

[23]　罗仕鉴，等. 用户体验与产品创新设计[M]. 北京：机械工业出版社，2010.

[24]　HOEKMAN R Jr. 用户体验设计：本质、策略与经验[M]. 刘杰，阿布，译. 北京：人民邮电出版社，2017.

[25]　雷克斯·哈特森，帕德哈·派拉. UX 权威指南[M]. 樊旺斌，译. 北京：机械工业出版社，2017.

[26]　LEVY J. 决胜 UX：互联网产品用户体验策略[M]. 胡越古，译. 北京：人民邮电出版社，2016.

[27]　张玳. 体验设计白皮书[M]. 北京：人民邮电出版社，2016.

[28]　TULLIS T. 用户体验度量：收集、分析与呈现[M]. 2版，周荣刚，秦宪刚，译. 北京：电子工业出版

社,2016.

[29]　支付宝 AUX 团队.支付宝体验设计精髓[M].北京：机械工业出版社,2016.

[30]　PATTON J.用户故事地图[M].李涛,向振东,译.北京：清华大学出版社,2016.

[31]　LOMBARDI V.设计败道：来自著名用户体验案例的教训[M].汪天盈,译.北京：电子工业出版社,2016.

[32]　KLEIN L.精益创业 UX 篇—高效用户体验设计[M].郭晨,马伟,译.北京：人民邮电出版社,2016.

[33]　SHARON T.试错：通过精益用户研究快速验证产品原型[M].蒋晓,李洋,乔红月,等译.北京：电子工业出版社,2016.

[34]　韩挺.用户研究与体验设计[M].上海：上海交通大学出版社,2016.

[35]　卢克·米勒.用户体验方法论[M].王雪鸽,田士毅,译.北京：中信出版集团,2016.

[36]　王欣.硅谷设计之道：探寻硅谷科技公司的体验设计策略[M].北京：机械工业出版社,2019.

[37]　王争.争论点：用户体验设计师的交互指南[M].北京：电子工业出版社,2019.

[38]　王晨升.用户体验与系统创新设计[M].北京：清华大学出版社,2018.

■ A.3　心理学类推荐书籍

[1]　唐纳德 A 诺曼.设计心理学[M].梅琼,译.北京：中信出版社,2010.

[2]　约翰逊.认知与设计：理解 UI 设计准则[M].2 版.张一宁,译.北京：人民邮电出版社,2014.

[3]　戴维·迈尔斯.社会心理学[M].9 版.张智勇,译.北京：人民邮电出版社,2006.

[4]　理查德·格里格,菲利普·津巴多.心理学与生活[M].王垒,王甦,等译.北京：人民邮电出版社,2003.10.

[5]　WEINSCHENK S.设计师要懂心理学[M].徐佳,马迪,余盈亿,译.北京：人民邮电出版社,2013.

[6]　马丁·塞利格曼.真实的幸福[M].洪兰,译,沈阳：万卷出版公司,2010.

[7]　米哈里·契克森米哈赖.发现心流：日常生活中的最优体验[M].陈秀娟,译.北京：中信出版集团,2018.

[8]　维克托·约科.说服式设计七原则：用设计影响用户的选择[M].李锦贞,译.北京：人民邮电出版社,2018.

[9]　米哈里·契克森米哈赖.心流：最优体验心理学[M].张定绮,译.北京：中信出版集团,2017.

[10]　WEINSCHENK S M.设计师要懂得心理学 2[M].蒋文干,译.北京：人民邮电出版社,2016.

■ A.4　设计调研类推荐书籍

[1]　胡飞.聚焦用户：UCD 观念与实务[M].北京：中国建筑工业出版社,2009.

[2]　胡飞.洞悉用户：用户研究方法与应用[M].北京：中国建筑工业出版社,2010.

［3］ SPENCER D,GARRETT J J.卡片分类：可用类别设计［M］.周靖,文开琪,译.北京：清华大学出版社,2010.

［4］ BOLT N，TULATHIMUTTE T.远程用户研究：实践者指南［M］.刘吉昆，白俊红，译.北京：清华大学出版社,2013.

［5］ 戴力农.设计调研［M］.2 版.北京：电子工业出版社,2016.

［6］ 李乐山.设计调查［M］.北京：中国建筑工业出版社,2007.

［7］ PORTIGAL S.洞察人心：用户访谈成功的秘密［M］.蒋晓,戴传庆,孙启玉等译.北京：电子工业出版社,2016.

［8］ 贝拉·马丁,布鲁斯·汉宁顿.通用设计方法［M］.初晓华,译.北京：中央编译出版社,2013.

［9］ 代尔夫特理工大学工业设计工程学院.设计方法与策略：代尔夫特设计指南［M］.倪裕伟,译.武汉：华中科技大学出版社,2014.

［10］ 凯茜·巴克斯特.用户至上：用户研究方法与实践［M］.王兰,杨雪,苏寅,等译.北京：机械工业出版社,2017.

［11］ YIN R K.案例研究：设计与方法［M］.5 版.周海涛,等译.重庆：重庆大学出版社,2017.

［12］ 陈峻锐.匹配度：打通产品与用户需求［M］.北京：中国友谊出版公司,2016.